布光录

许东亮　著

北方联合出版传媒（集团）股份有限公司

辽宁科学技术出版社

图书在版编目（CIP）数据

布光录 / 许东亮著 . — 沈阳：辽宁科学技术出版社，2024.9
ISBN 978-7-5591-3356-4

Ⅰ . ①布… Ⅱ . ①许… Ⅲ . ①建筑照明－照明设计 Ⅳ . ①
TU113.6

中国国家版本馆 CIP 数据核字 (2023) 第 257580 号

出版发行：辽宁科学技术出版社
　　　　　（地址：沈阳市和平区十一纬路 25 号　邮编：110003）
印　刷　者：凸版艺彩（东莞）印刷有限公司
经　销　者：各地新华书店
幅面尺寸：170mm×240mm
印　　张：20
字　　数：300 千字
出版时间：2024 年 9 月第 1 版
印刷时间：2024 年 9 月第 1 次印刷
责任编辑：于　芳
封面设计：关木子
版式设计：关木子
责任校对：韩欣桐

书　　号：ISBN 978-7-5591-3356-4
定　　价：128.00 元

联系电话：024-23285311
邮购热线：024-23284502
E-mail: editorariel@163.com
http://www.lnkj.com.cn

11　汤山云夕博物纪温泉酒店
RURALATION MUSEUM HOTEL
环境，建筑，室内，短期生活感受中的
光场景营造

25　宁波七塔禅寺
NINGBO QITA TEMPLE
适应修行的光环境需求，
布置寺院境内安静舒适的光

33　湖州法华寺真身殿
MAIN HALL OF FAHUA TEMPLE HUZHOU
重点在于精神氛围的烘托与感悟，
表现殿内空间，增加光的层次

43　北京无用空间
WUYONG SPACE·BEIJING
低照度下的空间层次与内外界定

51

西安丝路国际会议中心
XIAN SILK ROAD INTERNATIONAL CONVENTION CENTER
表现会议建筑的简约与公共属性，
用光解读与升华建筑寓意

61

郑州美术馆新馆
ZHENGZHOU ART MUSEUM
用光强化建筑表皮的寓意，同时意识到
文化建筑在群体之中的光平衡

69

郑州绿地中央广场
ZHENGZHOU GREENLAND CENTRAL PLAZA
高层地标建筑在城市中的象征意义很强，
植于幕墙之内的照明设备的目的是
做出稳定的夜间形象

79

西双版纳傣秀剧场
XISHUANGBANNA DAI SHOW THEATER
具有地域特征元素的观演建筑，
用光完成层叠的造型，增强识别性

91

哈尔滨大剧院
HARBIN GRAND THEATER
依据建筑的造型及材料特征，
采用画素描的美学逻辑去用光

105

珠海大剧院
ZHUHAI GRAND THEATER
作为造型特别的观演建筑，
揭示用光塑造城市夜景地标的意义

119

天津奥林匹克中心
TIANJIN OLYMPIC CENTER
拥有三馆的奥林匹克体育中心，
应该有整体改造提升的照明设计逻辑

129

郑州奥林匹克体育中心
ZHENGZHOU OLYMPIC SPORTS CENTER
新开发区域的体育建筑综合体，
灯光要满足建筑与信息的多方位表达需求

141

常德老西门
OLD WEST GATE·CHANGDE
街道，建筑，环境，装置，
灯光的价值体现在每一个环节，
充实于真实的生活场景与需求里

163

武汉江汉路步行街
WUHAN JIANGHAN ROAD
PEDESTRIAN STREET
近代，现代，商街，街灯，
在历史感中寻新潮

171

宁波中山路商业街
NINGBO ZHONGSHAN ROAD HIGH STREET
从街道到店面，再到高层建筑的立面及天际线，
街道照明的六个层次为商业街助力

3

商业街区

COMMERCIAL STREET

4

创意园区

CREATIVE PARK

181

北京黑糖艺术中心
HEYTOWN ART CENTER BEIJING
表皮、质感与光，用光实现
材料感受的柔化及异化

189

北京 751 艺术区
751D-PARK-BEIJING
解读工业设施的性格，
应用本色的光，
追忆生产时代的工业设施活力

203 成都天府艺术公园
TIANFU ART PARK·CHENGDU
风景，建筑，空间，人文与一体化的照
明设计，绘制光的风景

215 江苏园博园城市展园
GARDEN EXPO PARK·JIANGSU
平远，深远，高远，用灯光展现三远的
园林境界与夜色层级

231

江山市—江两岸
RIVERSIDES·JIANGSHAN
功能光需求生成的夜景观，把为生活者
服务的光作为出发点

241

柳州柳江两岸
BOTH SIDES OF THE LIUJIANG RIVER
自然山水景观，城市人文景观，
皆成为夜游的布景

251

厦门城市景观照明
AMOY URBAN NIGHTSCAPE
岛屿，海浪，家国情怀；
白鹭，三角梅，时尚风情；
轻松的夜，明快的光

265

福州城市景观照明
FUZHOU URBAN NIGHTSCAPE
历史街巷，山水交融，闽江两岸，
商贾繁荣；生活的光，文旅的光，
数字经济，铸就城市的夜色格调

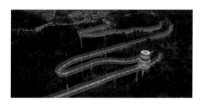

285

苏州高铁新城
HIGH SPEED RAIL NEW TOWN·SUZHOU
全新现代环境，现代设计手法，
现代理念的区域开发，近人尺度的光环境，
有品质的细节很重要

301

八十年八十色
80 YEARS 80 COLORS
色彩的定义权交给艺术家，然后用灯光系
统诱发来访者的行为

309

2021 深圳光影艺术节 M+W
M+W
外观采用渗入城市的构筑方式，用光像素
定义内部梦想空间

7

灯光装置　LIGHT INSTALLATION

目录
CONTENTS

前言　　4

1　生活空间　9
如何为特殊的环境和场地布置体验的光？　10
如何在传统建筑院落里找到布光的路径？　24
如何为寺庙的室内空间布光？　32
展示与工作室并行的空间怎么用光界定内外？　42

2　公共建筑　49
如何通过照明手段解读并升华建筑的语言？　50
如何为文化建筑布光？如何用光揭示建筑表皮的意义？　60
如何为地标性超高层建筑布光？如何藏灯于幕墙构件之内？　68
如何为观演建筑布光，实现建筑的功能性与意向性？　78
如何为有大地景观特性的建筑布光？　90
如何通过布光树立建筑的地标属性？如何使通透的钢结构实现表皮的完型？　104
如何让地标性体育建筑为区域增加夜间活力？　118
如何在公共建筑内有机地植入光像素表达建筑及公共信息？　128

3　商业街区　139
更新功能杂多的商业街照明，要如何布光？　140
如何通过整体光环境提升，使有历史文化背景的商业街区保留完整性并体现时尚感？　162
如何为商业街道布光？商业街道布光的逻辑是什么？　170

4　创意园区　179
如何通过布光以及照明方式的调整，表现建筑表皮质感？　180
如何通过照明展现工业设施的本色，维护工业遗产的特殊景观特色？　188

5　公园风景　201
如何布光可以为公共建筑塑形，如何布光将景观环境与商业街等融为一体？　202
如何为展览性园林布光？怎样营造市郊风景区的夜色？　214

6　城市夜景　229
如何为城市夜景布光，如何把功能的光上升为景观的光？　230
如何为有自然景观和人文景观的观光城市布光？　240
如何通过城市的夜景照明规划与设计打造一座城市的ID？　250
如何创造符合城市特点的夜景？如何为同一座城市中的不同区域布置恰当的光？　264
如何为开发中的城区做照明规划设计？　284

7　灯光装置　299
如何定义灯光艺术装置作品？如何增加艺术家的参与感？　300
如何将光影作品嵌入现有城市环境？如何诱发对作品体验方式的二次开发？　308

谈论灯光设计，就离不开关于美的讨论。这里摘取柳宗悦关于茶与美的论述片段，似乎与灯光设计的价值判断有相通之处："美总是在不断地寻求着回归自然之路，越接近于自然便越显精湛。科学可以找寻规则，但艺术谋求的却是自由。烦琐而无益的写实只能葬送隐匿之美；气度、深度、沉静、润泽等一切都派生于隐蕴着的味的力量。味，是内在之味，当美暴露在外时，味便淡了，当其隐蕴于内里时，美则更为深邃。美无尽地向内里隐蕴，所以才有无尽的味源源不断流出。而这种隐匿的美的极致，通常被称作"素雅"。技巧就是一种作为，当超越作为，适应自然的瞬间，也便是美产生的瞬间。单纯并非匮乏，而是一种深度，一种力度；繁杂也并非丰饶，只是一种贫瘠，一种羸弱。至纯且无心的心，才是美的创造者。"

谈论灯光设计，就离不开对生活的理解。生活的光，眼前的场景，切身的氛围，是近人尺度的光，是与脚步互助的光。尺度是衡量与人的关系而建立的说法，尺度越大，离我们的切身感受越远。当我们遥望星空时，只有思想在驰骋，而回归到身边脚下，人们更在意微小的细节，更在意光与身体的关联。

用光画一幅有关都市生活的画

谈论灯光设计，就离不开对技术的理解。人工光的应用有诸多可能性也是自电灯泡的发明以后开始的。建筑照明设计作为专门职业大概起始于美国，是跟着电光源的技术进步，并随着现代建筑的发展脉络而来的。人工照明的样态是什么样子的，其实生活在城市中每时每刻都在接触着、体验着、沉浸着，就像建筑一样。早期在城市中出现夜晚持续灯光的应该是煤气灯，而电灯光在城市中的魅力在 1889 年的巴黎世界博览会上展现出了前所未有的风采。至今，埃菲尔铁塔上的探照灯仍然是巴黎的夜晚风景，虽然设备进行了升级更新。一百多年来，照明技术不断发展，灯光的光属性也在不断变化着。从电弧灯、白炽灯、卤钨灯、金卤灯、荧光灯、无极灯、LED 灯、激光灯等，发光原理在变化，效率在不断提高，感受也在不断发生变化。从火焰原理的原始光色诞生的白炽灯到半导体原理诞生的光像素 LED，光的风景随着时间的推移变化着样态，从技术层面上，也从审美层面上。

谈论灯光设计，就离不开对舞美及电影灯光艺术的理解与借鉴。在舞美戏剧界、电影界，承担灯光照明角色的叫灯光师，其工作一般称为布光。我觉得布光这个词很好，它既融入了美术绘画的逻辑，又有光量的物理概念介入。往

哪里布，既有人为操作移动等感觉，还有规划布局等的整体观念，也容易选择，区别于实体建材的搭建等建筑行为，成为固定工程形态，因此我们这一行的工作也可称为布光师。虽然用电，用控制系统，但与电气工程师又不是一个行当，就像厨师与营养师不是一个行当一样，虽然有时做着同一件事情。

舞台布光大师们的言语值得品味。弗雷德里克·埃尔梅斯（Frederick Elmes）说："阴影打开了我的想象力，不用把所有的影像信息都表露在光线之中，黑暗能够让影像更具延宕韵味，就像未被翻开的石头。"

斯蒂芬·H. 布鲁姆说："夜景的暗部更多，更多暗部细节处理；辅光能缩小反差，挡光永远要比打光难。尽量使用一两盏灯，把阴影放在合适的位置。如果分辨不出每盏灯光的职能，你就应该关掉多余的灯光了。主光的作用是制造阴影，它能为场景带来材质感、空间感和纵深感，同时还能提供照明和曝光值。"乔丹·克罗嫩韦思强调不要过度照明。

踏入照明设计行业 20 年有余了，成立独立的照明设计事务所也有 18 年了。从了解这个行业，开始做本行业的工作到现在，一直保持着对设计的热忱，说明光的魅力无限，布光的可能性亦无止境。因此我至今仍如孩童般地不断探索挖掘该领域的可能性和做法。想到柯布西耶为了踏入建筑界，开启了一年的东方旅行，还有详细记录与感悟。安藤忠雄为了改行学建筑，也做了一年的欧洲之旅，体会什么是真正伟大的建筑。进入一个行业，这个行业的表象要感知，这个行业的积淀要挖掘，然后才能构筑自己对这个行业的未来与梦想，上述这两位大师便是如此。

要看看灯光的世界是什么样的，我们首先要看看别人怎么做。用光遍布有人居住的环境，不止于建筑、市政空间、道路、广场、交通工具等。我曾经乘飞机数度踏上西方悟光之旅，且准备了便携的考察工具进行记录。相机、三脚架、测距仪、手电筒、照度计、速写本、钱包、名片等，当时是测量、画速写、记录、写感想，一副学习的架势。从 2002 年起连续几年陆陆续续去过北欧、西欧、南欧、东欧不少国家，美国、澳洲及亚洲的一些城市，并完成了《光的理想国·光探寻》一书的出版。之所以从外国汲取灵感，是因为更容易发现不同，身边的事往往会视而不见。从旅途中的飞机、机场、铁道、公路到城市中的马路、大街、商业街区、教堂古迹；从日常室内生活空间到店面，再到大型综合设施、公共展示空间；在

城市里登高望远，观赏建筑的光、景观肌理的光、城池的光；逐项体会学习，找出光的魅力与存在意义，作为自我建设的充电过程，同时将过程记录转化为记忆的累积。记得在埃菲尔铁塔不远处有个原始博物馆，架空的楼板下，居然用地面插入的亚克力光棒改变光路，在底板天花上画了一幅光绘抽象画，令人想起原始岩画或土著绘画，留下深刻的印象。

出国会乘坐大型飞机。新款的飞机不仅有完备的功能照明，还有情景光的场景，随漫长的旅途改变光色适应时辰与时差。在蓝天里飞翔，机舱顶部有时也染成蓝色天穹，非常壮观，与浩瀚蓝天融为一体，当它变成粉紫色时，服务员就笑嘻嘻地推着售货车来了。机场的照明一般印象是单调的功能照明，巴黎机场不乏趣味性，似乎还有一点幽默，像气球一样的大灯在空中飘浮着。西班牙马德里的机场把音箱、灯具抬到了如丽人打扮时戴项链的地位，颠覆了所谓见光不见灯的高档设计观念。有的地铁车站，站台灯光是按博物馆的照明方式设计的，墙上也蚀刻了当地的历史，这个深深地启发了我，也与形式服从功能的口号有违。在挪威，有一条25km长的隧道，断面是自然面的开挖方式，由于距离太长，每隔几公里会有一个扩容的鱼肚形空间，像山洞。在这里，照明方式改变了，用彩色荧光灯染出了蓝色天穹和暖色的地平线，用简单的光营造出了自然风景，让我们体验了不一样的隧道内视环境调节方式，不一样的美学思维路径。

在意大利的威尼斯，街道很窄，路灯装在墙壁上，光很暗很暗，走着走着，感觉地面似乎越来越亮了。原来，暗环境让人的眼睛反而敏锐了，于是明白慢行时真不需要那么高的照度。威尼斯只有行人，且当地生活的人们也没那么着急。欧洲的古迹，大多使用泛光的照明方式，很灰暗，如果你在不远处边上喝杯咖啡慢慢品，也会渐渐看清它的每一个细节，同时感到它的古老。法兰克福有一个博物馆，在地下室有展厅，屋顶有很多矩阵排列的采光天窗，照明设备也装在里面。夜晚走到地面的庭院中，发现这些发光的天窗成了广场的风景和照明系统，确实巧妙。有幸参加了威尼斯双年展，仔细看了几遍展览，发现展示的布光方式是很自由的，完全不是天花上的轨道灯那么约定俗成般的单调。一次在纽约时报大厦下停留，发现正对楼体的投光灯外观都漆成橙黄色，大方地裸露在构架上，不明所以，回头望望街道，满街跑着橙黄色的出租车，噢，原来如此。光的表现形式无穷无尽，最初的目的只是满足照亮，就像建筑的表现是千姿百态的，最初的目的也只是需要有个栖居的空间。

照明设备展是一个很集中的学习机会。俗言："工欲善其事，必先利其器。"了解设备和它所能达到的效果就像写文章的单词一样重要。每两年的法兰克福展是照明界的专业盛会，优良厂家齐聚，设计师从世界各地聚集在一处相互交流。展览从室内到室外，从出光到系统，还有应用场景的呈现。另一个学习的场所就是灯光节，比如悉尼、新加坡、里昂灯光节。其中里昂灯光节最大，影响最广。这是在城市空间中以灯光为主题的实景展示，是学习先进技术、创意理念的好场所。

在此基础上，有大量的照明设计的书籍学习，包括美国的、日本的、欧洲国家的，还包括中国香港、中国台湾地区的出版物及译本。最早的照明设计做法是从美国传过来的，照明设计师也都推崇理查德·凯利和他的设计理念，那就是光除了照明以外对于空间表达方式的做法。也访问过一些国家的照明设计师，曾经有一回去意大利学术交流，参观了意大利的照明设计师事务所，也参观了他们在米兰的设计作品，听主持设计师讲解设计方法，笔谈中没有记录纸，那位设计师全都潇洒地画在了餐巾纸上，我就偷偷地收藏了。欧洲的设计师也在产品设计上诉诸自己照明设计的理想，其中有很多人是从建筑学科毕业的。

考察学习目的是解读，然后才能有行动。设计感悟很重要，设计行动更重要。如何去实践，结合多年的边学边实践的阶段性成果，我也总结过一本叫《光的表达》的书。首先从自然光、建筑使用的光、生活需要的光中体悟，构想所做环境或建筑的光场景理想，然后用草图及图纸去表达它。表现方式可以参考成熟事务所的一些成熟做法，以及作为委托方的成果诉求。在书中也列举了布光的表达方式，如平面布光、立面布光、剖面照明方式示意，还有意向的效果图等。与其他设计一样，实施的设计要有详细的细节设计，对于照明设计，还需要有预先的模拟计算、模型试验、现场样板试验，最后进入正式实施。在过程中不断修正调整，到最后整体调光才能实现预想的效果。

其实设计无定法，说清楚、表达清楚为原则。但类似职业棋手，必须知道前人经验中的定式。在数字时代，手段多依据算法，呈现多通过电脑屏幕，手感与现场感极易缺乏，因此驻场解决问题对于设计师来说是锻炼进步的好机会。

2019年时，总结了多年的从业经验，写了一本悟光的书，书名叫作《亮城计》。其实是说了从事设计的三个阶段：入城阶段（入门）、筑城阶段（积累）和亮城阶段（执业）。

入行要有规矩，因此仿摩西十诫写了"照明设计十诫"，也设定了提升设计水平的目标"照明设计的段位"，其实是对自我的鼓励与鞭策。

从业以来，在全国范围内承揽业务，足迹也遍布了大江南北，祖国上下。实现的作品除了台湾、澳门、香港外全部都有涉及，如果说没有实现的方案阶段也算，就全覆盖了，冲出国门的只有迪拜世博会的中国馆，离国际设计业务还是很遥远。

设计的类型涉及倒是很全面：城市照明、景观水岸桥梁隧道照明、街道照明、街区照明、综合体照明、单体建筑照明，包括几百平方米的极小的文化类建筑照明；还有各类室内照明、灯光装置、灯光节的活动等。2011年曾在意大利威尼斯的离岛的海滩上，在黎明前用手电筒照出了蜃景。作为建筑学专业毕业者，甚至也对既存建筑产生质疑，提出过暴改方案。

项目的业主也是有多方面的：政府的城市管理部门，如城管局、规划局、电力局、旅游局、城投公司及其代建。独立项目的业主有大型商业地产开发公司，如华润、绿地、万科、万达、中建、中海、中铁、中冶、中交，还有地方性的开发商等，也有如阿那亚等专业开发公司。位于上游的建筑景观设计院是交流的主体，如中国建筑设计研究院、北京市建筑设计研究院、同济大学建筑设计研究院、东南大学建筑设计研究院、华南理工大学建筑设计研究院、哈尔滨工业大学建筑设计研究院、中国建筑西南设计研究院、清华大学建筑设计研究院、深圳市建筑设计研究总院、中国建筑西北设计研究院、广东省建筑设计研究院、上海市政工程设计研究总院等。还有私人建筑事务所，如直向建筑事务所、MAD建筑事务所、张雷联合建筑事务所、非常建筑工作室、业余建筑工作室、理想建筑工作室、如恩事务所、畅想建筑工作室、北京墨臣建筑设计事务所等。境外的事务所如扎哈·哈迪德事务所、GMP建筑事务所、SOM事务所、日建设计、施耐德+舒马赫建筑师事务所等。景观设计事务所如土人景观、北林地景。委托有来自照明工程公司和文化演艺公司，也有来自照明生产厂家等。

公司从住宅内办公起的12人，至商住楼办公的近20人，发展至创意产业园的40多人。设上海公司10多人，设技术支持室10多人。在广州、深圳、福州、杭州、成都等地成立合作团队，以及在北京成立4个独立工作室。作为一个专项设计事务所，在国际上来看，规模已算是大型的了，只是整体水平离国际还有很大差距。

从项目规模上看也经历了城市级的多个项目考验。整体照明规划有赣州、杭州、德州、义乌、长兴、南京、郑州、青岛、厦门、福州、鄂尔多斯、大连、沈阳、烟台等。城市区域级规划如：北京中关村大街、三里屯朝阳北路大街、上海松江区、深圳市深南东路、广州市核心区三年计划及琶洲片区实施设计、苏州高铁新城规划及站前片区实施设计、北京怀柔科学城规划及部分组团的实施设计、郑西新区四个中心CCD片区的规划与实施设计。大型设施照明设计有天津奥林匹克体育中心、西安奥体中心、郑州奥体中心、厦门新体育中心、杭州世纪中心、西安会展会议中心、北京新国展中心、国家会议中心、成都天府艺术中心、新三星堆博物馆等。当然还有小尺度的秦皇岛阿那亚礼堂、雾灵山温泉小馆、北京无用空间等的灯光设计。

荣誉认可也有不少。国际的奖项如IES卓越奖和优秀奖、缪斯（MOSE）奖、IDA奖、LIT奖金银奖项等。国内学会协会媒体的奖有中国照明学会（CIES）的中照奖，包括一等奖30多项、亚洲照明奖、AALD奖多项、祝融奖、中国半导体联盟奖、金手指奖等。

从事照明设计的设计师来自环艺专业、建筑学专业、景观专业、平面设计专业、工业设计专业、电气专业、非设计相关专业等。有大学毕业直接来上班的，也有从同类公司转来的有经验的设计师。从学历来看，中专、大学、研究生都有，地域包括内蒙古、山西、河北、东北、湖北、湖南、江苏、浙江、江西、四川、重庆、广东、福建等地。早年也开始有实习生制度，为了拓展城市灯光舞美演绎，还专门招收过戏剧学院毕业的学生。

设计行业的技能大同小异。首先绘图需要熟练掌握CAD，画效果图需要熟练使用PS，照度计算需要掌握相应的软件。设计是个非定量的专业，感悟修养很重要，美学修养要有，数学的算计要行。因此绘画基础最好有，当然画画好的不一定能做好设计。

本书编入了这十几年的部分代表性照明设计案例，有20多项。分为商业街区、公共建筑、创意园区、城市公园、生活空间、艺术装置、城市夜景几个方面。当然分类并不是很准确，只是为了方便归纳的权宜之计。项目有大有小，用灯有多有少。一灯如豆，亦可破万卷书，微光里天空更浩瀚。万家灯火是生活的美满，灯火阑珊是诗意的人间，满城灯火乃都市的繁荣。我们的团队真的就把几个城市的灯光设计全做了，想想都吓人。

关乎灯光的照明规划设计需求各种各样，答案不一而足。灯光是设备发光，电器有寿命，电器有升级。就像手机一样，其实换新的时候老的多半还能用。这种时装属性，也是照明设计特质的一部分，属于消耗性的，维持十年，算是长的。

找了数位艺术家、建筑大师、知名学者、城市照明管理者谈谈他们对于光的感悟，回复了不同的答案，当然都觉得光有大作用。何勍说："要有光，不一定照得灯火通明；要有梦，让梦想照进现实的光亮；不止是亮着，而是启明。"挺诗意的。何崴说："布光就是布道，布光录就是启示录！"说大了吧。沈少民说："我们用光把黑暗放回比黑暗更黑暗的原处！"说狠了吧。

看约翰·罗斯金的《建筑的七盏明灯》，有牺牲明灯、真理明灯、权力明灯、美的明灯、生命明灯、记忆明灯、顺从明灯。似乎在说灯光背后的事儿，说得挺全面正确。设计是一种专业行为，设计也是一种社会服务业务类型，洒在地上的光，得寻找背后的理。

如何欣赏布光后的设计成果，仍然按约翰·罗斯金说的，大致会分为四类：感情欣赏，自豪欣赏，匠人欣赏，艺术和理性欣赏。作为专业设计师，艺术与理性恐怕是最值得拥有的选择。

最近读了已经三版的书《肌肤之目》后，我也意识到对于环境的认知是通过五官的综合结果。"尽管视觉具有优先权，但视觉的观察也往往由触觉来确证。在我们的时代，光线变成了纯粹数量上的问题，一种有效的精神摧残的办法就是利用持续高强度的照明，不给大脑以回旋和私密的空间，个人自身内心的深谙甚至也被暴露和冒犯。"尤哈尼·帕拉斯玛如是说。虽然他也铭记着少年时代"对家的体验从来不会比在寒夜里看到家中温暖的灯光，感受到温暖四肢的召唤更强烈"。

参考文献

[1] 柳宗悦. 茶与美 [M]. 欧凌, 译. 重庆: 重庆出版社, 2019.
[2] 罗斯金. 建筑的七盏明灯 [M]. 刘荣跃, 主编. 张璘, 译. 济南: 山东画报出版社, 2006.
[3] 帕拉斯玛. 肌肤之目——建筑与感官: 第 3 版 [M]. 刘星, 任丛丛, 译. 北京: 中国建筑工业出版社, 2016.
[4] 贝热里. 光影创作课——21 位电影摄影大师的现场教学 [M]. 刘欣, 唐强, 译. 北京: 世界图书出版公司, 2015.

遇见光，看西山斜阳，读旭日东亮。

张雷（著名建筑师，江苏省建筑设计大师）

七塔禅寺照明体现了内敛不张扬、拙朴有深度的中国传统人文精神，符合历史建筑的气质与格调，佛教出世入世的基本底色，受到缁素两众的高度赞叹。七塔禅寺通过照明工程彰显形象，使都市寺院独特风格得到重塑。

可祥（宁波七塔禅寺住持，浙东佛教文化研究院院长）

光引领我们去触碰空间的灵魂。

董功（著名建筑师，直向建筑事务所主持人）

建筑因光而可见，光因建筑而被人感知。但我们看到的究竟是什么？也许阳光下，我们看到的既不是建筑也不是光，而是它们共同塑造出的不断变化的形状、浓淡的阴影？在人工光中，我们有时希望它制造没有太多阴影的环境，有时希望它制造某种空间幻觉，随时间而改变，让建筑变形，甚至消失在感官体验之外……但光一直还存在。正是透过它，建筑超越了时间和空间，解放了我们对它世俗而单一的感受。

梁井宇（著名建筑师，场域建筑工作室主持人）

生活在空间里，行走在街道市井边。室内的光被围裹而充满，户外的光擦身而过发散以致远。人们不时在室内，不时在户外，有光伴随，才有空间；有光伴随，才有自由与互动。内外相融，光影随行，形态的美转化为空间美。装饰的光也是使用的光，使用的光也是塑形的光，两者都应该是与空间相融的光。

生活的光是与脚步互助的光，尺度是用来衡量与人的关系而建立的说法，尺度越大，离我们的切身感受越远。当我们遥望星空时，思想在驰骋。但当视线回归到身边脚下，人们更在意微小的细节，更在意与身体的关联。关注脚下的光，行走更踏实；关注脚下的光，行为更具体。一般把落脚面定位为正负零，上下都是高差。光指向清晰，行走脚步流畅；光指向细部，目光能迅速攫取所需。星光是理想，脚下的光是生活。生活踏实了，理想更遥远，星空更浩瀚。

酒店是短期的生活空间，寺院是长期的修行之地，而佛殿的参拜是精神生活的一部分，都是强调体验感的场所，都是生活的光。在室内空间中，光是室内表现的主力，照明设计师是室内设计师的有力辅佐。科学的计算和经验是成功的保证，现场的试验与检测能缩短理想与现实之间的距离。

1

生活空间

如何为特殊的环境和场地
布置体验的光？

- 特殊的环境和特殊的记忆产生特殊的场景，于是也会有特殊的光。照明设计就是在品读这些外在条件时产生的用光畅想。
- 宕口的石材，裸露的山岩，像火山灰的白水泥，这些基地的调性生成建筑的基调，同时为照明设计的出发点提供了依据。
- 总体上讲云夕博物纪夜景照明理念是低限度的光，以浓密的山景为背景，在朦胧的月色下，客室内光外透，洒向植入橄榄树的小院，温馨自然。
- 门楼两侧内凹有龛，设光如天井光漏下，背面向内院，反射波光与水院的天光，另成风景。
- 在内小院中，用投光灯沿院墙植丛横掠光，于墙上留影。

1 酒店整体光的序列

设计思考

特殊的环境和特殊的记忆产生特殊的场景，于是也会有特殊的光。照明设计就是在品读这些外在条件时产生的用光畅想。

汤山云夕博物纪温泉酒店位于汤山直立人遗址公园内，基地择址在南京直立猿人博物馆西南侧一处废弃的采石宕口，基地地貌特殊。汤山温泉扬名至迟也在北宋，而后羿射日传说也基于此，温泉的水传说是射落太阳的余温不断至今，于是温泉也与光发生了关系。同时基地的梦幻性也来自发现了直立猿人生存的遗址，联想到猿人钻木取火的时代。宕口的石材，裸露的山岩，像火山灰的白水泥，这些基地的调性生成建筑的基调，同时为照明设计的出发点提供了依据。

酒店建筑面积共约 5500m²，配套体验空间包括美学图书馆、健身房、设计美学展廊、VIP 厅、屋顶休闲花园、会议及多功能分享空间、屋顶戏水池、冥想空间、草坪景观活动区等，餐厅有 68 座中餐厅、80 座西餐厅、12 座 VIP 厅，合计餐位数约 160 座。

客房包含经典温泉庭院房、联排庭院温泉别墅、双卧家庭温泉别墅、双卧山景温泉别墅，以及 VIP 定制温泉别墅等五种类型的轻奢度假空间。共有客房 39 套 45 间，其中大床房 24 间、双床房 21 间。酒店大堂南侧接待台背景墙上陈列了张雷联合建筑事务所的 30 个建筑作品模型，定义了云夕博物纪作为主题设计酒店的空间属性。

照明设计沿着这样的主线与基调布光，谱写入夜的篇章，构筑夜场景的格调。总体上讲，云夕博物纪夜景照明理念是低限度的光，以浓密的山景为背景，在朦胧的月色下，客室内光外透，洒向植入橄榄树的小院，温馨自然。

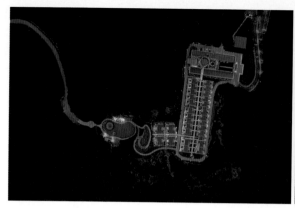

照明方式

我们从山下引光入境,有意使部分光洒向山根植物,渐入山林。上坡植被蔓生,为景观设计荒野之趣,点缀萤火光点随风摇曳。

至大门见门楼高耸,画框中空现内院景。门前地面土台布置欢迎篝火光,红色如火映牌楼。门楼两侧内凹有龛,设光如天井光漏下,背面向内院,反射波光与水院的天光,另成风景。

镜水院水面倒映了客房外廊,餐厅、大堂吧内透出的光,水面如镜,不施它光,不扰平静。

下通甬道是狭长而充满仪式感的通道设计。两侧镜水院之水沿墙落下,成瀑布,潺潺水声。落水处藏线状灯,经反射出洗墙作为指引,石缝中入光点,间隙闪烁,开启探索酒店之旅。走完狭长的甬道进入圆形前厅,空间为光所包裹,有如艺术家特瑞尔操纵的色彩,变换中迷失方位,行步中眼前如画。

向上楼梯十八级,嵌入柔面出光灯条,律动踏步,制造时尚感、序列感、仪式感氛围。跟随台阶光的引导拾阶而上到达大堂,又是一番豁然开朗的风景。

大堂中央挑空圆厅的上方,麻绳编织的五彩天幕是令人向往的神秘星空,与彩色的圆厅互为照应。

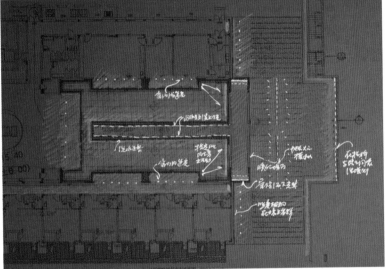

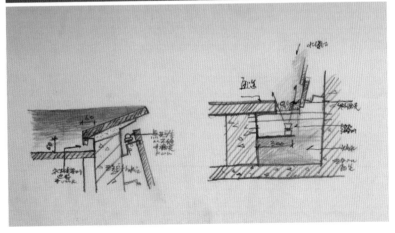

1 鸟瞰酒店整体布局
2 石墙间的通道
3 山谷林木中的客房群由于光
　与环境融为一体
4 前院入口布光图
5 前院灯具安装细节图

经美学图书馆进内院，有一种未曾意料的空间序列感，有一种诱发人走秀的冲动，私密空间的公共性与公共空间的私密性交织于一体。石墙凸凹，水毯分路径，导入客房专属空间。水沿藏线性光，在石墙转折处的砾石内藏地埋灯，上照石砌墙，纵观墙体明暗不同显空间节奏，横视则增强入户之仪式感，低调奢华的入住暗示开启。入口圆筒空间内溢出光，告诉客人目的地所在。内院远眺，冥想空间的圆筒高高矗立，刻意的细节缝中点缀了光，把内院所有筒的构成用光连贯在一起。

内院有登二楼之梯步，二层有屋顶花园平台可观四野。平台另设出挑桥台，俯瞰内院不时住客服务生往来之风景，中秋赏月之际，一轮明月照宕口，更是举杯邀明月之所。矮栏墙下设点缀小灯照地面，光在低位，不碍观瞻。内院入口温泉筒的彩色序列景象，在客房内与外小院的人们可尽收眼底。二层屋面的休憩花园、多功能分享空间，无边泳池只设计了最低限度的低位光，空间融入山林，亲近自然。

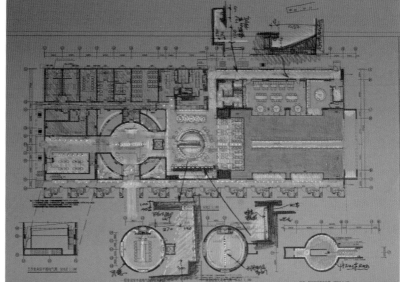

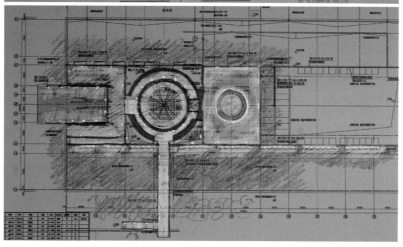

1 内院的序列
2 院内的水景与风景
3 一层公共空间布光图
4 二层公共空间布光图

客房空间内，灰白色纳米水泥墙面、家具及地台等在空间中整体使用，用白色作为空间主色调营造简单纯粹、极致浪漫的度假氛围。通过麻绳、藤编等手工织物，配有 Lava Lab 独家设计的杜邦纸系列生活用品，以及特种水泥系列客房用品的运用，展现极简与环保，并显奢侈的单调，从泰国运回的手工罩吊灯，极小口径的深埋筒灯，藏于家具镜后的间接照明界定了空间性格及满足光量的需求。客房内置于小院中的温泉锥形筒，顶部有采光孔，周边暗藏发光灯槽，泡汤时间，舒缓的音乐响起，色彩在天空中形成圆形彩色光环，慢慢变幻色相与明暗，体会不一样的时空，不一样的泡汤时光。在内小院中，用投光灯沿院墙植丛横掠光，于墙上留影。在园中躺椅小憩，品茗观星，不无惬意。藏于水池的光，映润了内院。

出客房，于周围洄游路散步，地面是柔性颗粒铺地，涂紫色，由外墙上设置的嵌壁灯发出的光，给紫色显出深浅色相。反差之大，恍惚间有猿人欢舞涂彩之感。另一侧有山涧广场，草地树木间，数顶野营帐篷，又添原始野趣，灯光散落其间。回望，聚落般的客房群，灯火相拥，又生浪漫。

酒店的灯光布置，如一次光的写生之旅，生活需要灯光，浪漫需要月光，日出落日霞光雾气，昼间又沐日光，可谓游居云夕，乃为沐光之境。时光伴乐飘逸，游云夕，乃为一次确定浪漫的光之旅。

1 2 | 3
4 5

1 低位的生活光与山的轮廓相得益彰
2 幽静的外轮廓散步道
3 俯瞰客房内院
4 可看天的温泉筒
5 温泉筒的光环

 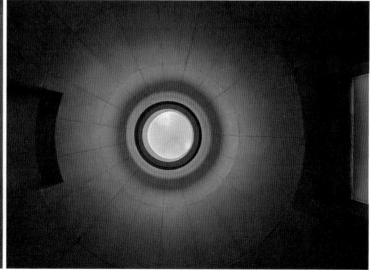

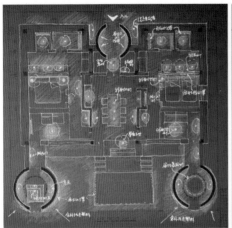

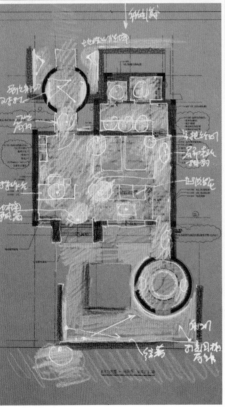

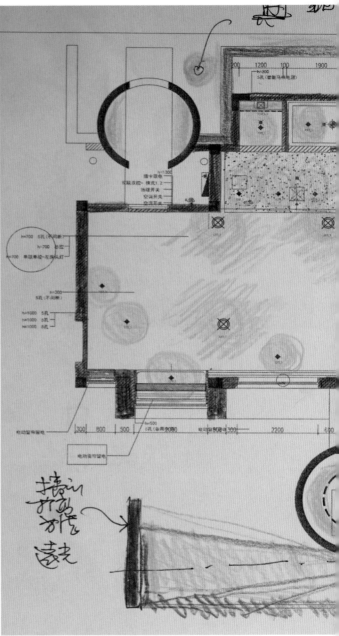

1
2   3

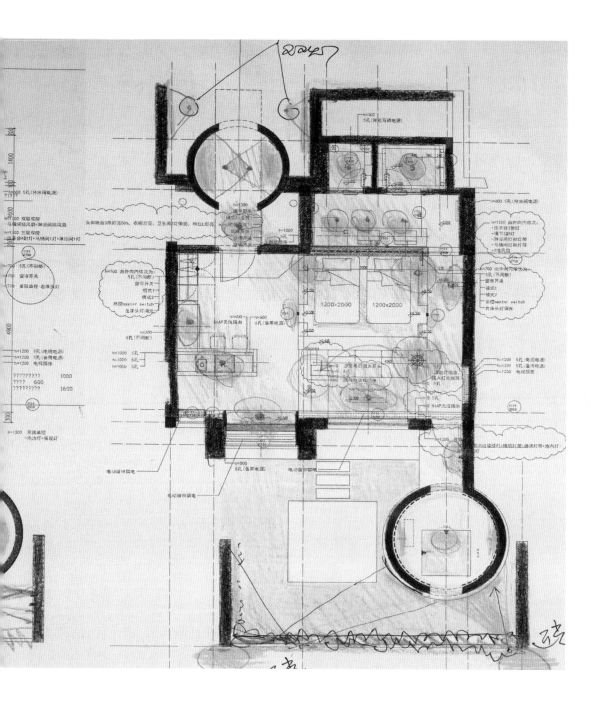

1 套房布光草图
2 客房与内院布光
3 客房布光图

1 序厅的色彩时刻的不同表情
2 序厅超时空氛围
3 序厅空间成了一个记忆的场景
4 序厅与中央采光顶呼应
5 序厅光色弥漫

**主要灯具产品
及应用信息**

公共区域

1 大堂
棕绳挂板使用灯带：2W，120°，彩色，雾面出光
吧台灯带：上侧 6.5W，下侧 4W，服务台及取餐台 2.5W，120°，3000K，贴片式灯带

2 书吧
灯带：4W，120°，3000K，贴片式灯带

3 展廊
轨道灯：3W，24°，4000K，带防眩光格栅

4 中餐厅
大圆桌吊灯：20W，120°，3000K

5 会议室
轨道灯：18W，24°，4000K，带防眩光格栅
顶部灯带：4W，120°，4000K，贴片式灯带

户外

1 泳池
水下灯：5W，30°，4000K

2 客房内院
照树灯：5W，30°，4000K，配防眩光遮罩

3 公共内院
入口两侧瀑布使用点光源：1W，120°，彩色
中轴点光源：0.5W，120°，4000K
两侧石墙地埋灯：3W，30°，3000K
客房圆筒使用投光灯：3W，30°，彩色

4 外院景观
草坡萤火虫灯：0.5W，自发光，荧光绿
门前篝火使用线型灯：24W，120°，红色

试灯研究

如何在传统建筑院落里
找到布光的路径？

- 寺院光环境设计定位遵从寺院总体环境氛围要求，同时有机地融入城市街区环境中。
- 布光设计的策略，就是在外部塑造寺院的鲜明形象；在内部，营造佛门寺院的禅意氛围。
- 照明设计方案采用对称布光，由外向内随进深处照度逐渐降低，由闹市逐步回归禅境。
- 入寺后的气氛与外界截然不同，照明设置相对暗，首先制造暗环境沉静人心，作为香客洗涤心灵入佛门净地的准备空间。
- 改造原有廊下灯，将偏冷色温光源调整为暖色温（3000K），灯罩进一步做磨砂柔光处理，避免刺眼眩光并降低照度、协调光比。
- 没有被照亮的乌瓦屋顶，把喧闹的市井光挡在了外围，以呼应禅寺的栖心之愿。

1 寺院在不断扩充中，黛瓦下木构建筑暖色的光构成境内统一光环境，静谧优雅通畅，与市井画出一条心里感受的线

设计思考

七塔禅寺是宁波市区内规模最大、保存最完好的寺院，位于鄞州区百丈路 183 号，寺院所在地也是浙东著名四大丛林之一。寺院始建于 858 年，曾称"栖心寺"。康熙年间寺前建起七座石塔，代表禅宗起源，定名七塔禅寺。寺院包括门前七塔、寺门、天王殿、圆通宝殿、钟鼓楼、三圣殿、藏经楼、方丈殿、玉佛阁、慈荫堂、东西厢房及围墙等，建筑面积约 11400m²。近年又扩建禅学堂和栖心图书馆，成为讲学、地方文献收藏中心和市民学习之所。

寺院光环境设计定位遵从寺院总体环境氛围要求，同时有机地融入城市街区环境中。七塔禅寺是闹中取静之地，外部城市之嘈杂与内部寺院之清净所形成的鲜明反差令人印象深刻。布光设计的策略，就是在外部塑造寺院的鲜明形象；在内部，营造佛门寺院的禅意氛围。

七塔禅寺的平面布局是典型的伽蓝七堂形制，以中轴线对称格局展开。作为层次展现，沿街七座佛塔，石牌坊山门正对主街大道；入内，外墙砖筑硬山重檐天王殿；进主院，院中央植银杏四株，中央置铜制香炉一座，该院为做法事主广场，宽阔方整；左右钟鼓楼，正面雄伟的圆通宝殿，面阔七间，重檐歇山顶，正面书弘厚"圆通宝殿"四个金色大字，外副阶廊柱为纯石方柱支撑，上刻楹联为寺之特色。过宝殿进小院，左右对称植香樟树两株，树冠庞大几及遮院。正面三圣殿形制体量同圆通宝殿，过殿后至藏经楼、祖堂等结束。

照明方式

照明设计方案采用对称布光,由外向内随进深处照度逐渐降低,由闹市逐步回归禅境。入口处的光,目的是展现寺院外在形象。首先照亮七座佛塔,并重点聚焦塔中央佛龛造像,灯具立杆安装于市政绿化带内。石造牌楼是对外的形象标志,亦用绿化带内立杆远投光的照明方式照亮,石兽抱鼓用地埋灯局部照亮增加细节。高耸的石柱莲花金幢高 19m,是区域天际线的制高点,用投光聚焦莲花令其悬于空中,表达超脱世俗的境界,照亮以昭示远方。石牌坊两侧是石柱间隔镂空墙,内侧安装 LED 条形灯,沿墙照亮内部,在外侧为剪影状,强调内院空间的存在感。

进入天王殿,主入口正面主开间门廊呈凹入状,用灯光加强中心空间,突出门廊细节。正面砖墙,由轩下安装小功率射灯均匀向下洒光,给墙面微弱亮度,显现青砖质感。墙上镂花木窗亦通过柔和的射灯下照,让窗户亮起来,使立面形象完整。实际上平日里天王殿由反向主院内侧进入,正面为象征性形象,只有重大节日开启。左右两侧为进入寺院侧入口,山门内设置功能照明,照向屋顶后间接反射为地面提供照度。进入后为天王殿两侧内院,空间细长,寺务所廊下用灯笼照明,山墙下石灯照明提供基本地面照度,以漫射光渲染出较暗的环境氛围。入寺后的气氛与外界截然不同,照明设置相对暗区,首先制造暗环境沉静人心,作为香客洗涤心灵入佛门净地的准备空间。

过天王殿，见左右钟鼓楼，正面寺院主殿圆通宝殿。此处人流多，为寺院主要佛事活动户外场地，需满足法事时场地照明和平日基础照明。方案建议除周边设庭院灯照明外，做临时增强照明用电源插口，预备可移动庭院灯。打亮广场中央四棵银杏树及花坛，两侧诸多景观树木作为环境照明烘托。

1 七塔禅寺因门前的七座佛塔而得名，正门的牌楼和新近矗立的莲花金幢成为门前的标志，用投光突出并融于市政环境

2 山门牌坊面向主街，明亮端庄

3 标牌的制作是很讲究的，要选择显色性很好的光源表现色泽并用柔光照亮

4 主殿圆通宝殿飞檐翘角，庄严灵动。用光的明暗与聚焦塑造朴素中的金碧辉煌

5 作为寺内通行的廊庑有序列之美。灯光在此不只照亮，也要照明韵律节奏

6 生活的内园只需改造过的灯笼照明就满足了日常需求

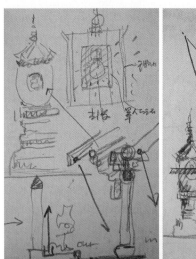

主殿及钟鼓楼建筑立面要重点表达，包括屋顶翼角、二层勾栏、牌匾。主殿一层强调副阶廊下空间，在檐枋上方安装投光灯下照。石柱楹联用窄光束投光灯重点照亮，以辨文字内容。地面石栏板下设置照明，烘托悬浮感。

过圆通宝殿，三圣殿前广场便映入眼帘。双株香樟树是内院景观特色，照亮树木，间接提供内院的照明。三圣殿正面做法同圆通宝殿，只是视域窄，二层重檐下弱化处理。过三圣殿后，藏经楼前有放生池。放生池视为功德之水，也承载着人们投币祈福的功能，需要做照明表达。将设备隐蔽安装于桥下，采用间接照明照亮水岸，使水面亮起。藏经楼前亦限于视角，只做殿外廊及牌匾照明。然后祖堂、先觉室、方丈室，人流少，适合幽静氛围，两侧小院弱化用光。

1 墙、塔、灯笼、廊子，根据载体角色不同制定布光策略
2 在檐口上安装射灯照向地面柱础，满足引导光与突出古建细节之美
3 落日后亮起来的首先是大殿的石柱楹联
4 三圣殿的檐下木作雕花空灵，楹联字体端庄，用内檐的光照出剪影，用檐下外侧的光识别文字之美
5 藏经楼檐下撑拱木雕精美，用一束光自正面照下，显现优美轮廓

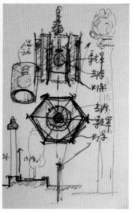

1 廊下灯笼经过光学改造柔和朦胧，给花窗一束光，与飞檐翘角一同构成深邃
  的场景画面
2 廊下的灯笼出光改造。在光源外加人造云石柔光罩，外围木框磨砂玻璃，双
  重滤光，充分将光柔化到舒适的程度

主轴线两侧连廊庑，起圆通宝殿，止藏经楼，两侧对称，长约 162m。该区域既是游览区域，也是僧人生活与工作的区域，廊道下设功能性照明，指引生活与香客路线。

照明方式首先改造原有廊下灯，将偏冷色温光源调整为暖色温（3000K），灯罩进一步做磨砂柔光处理，避免刺眼眩光并降低照度、协调光比。增加轩下射灯照亮地面及柱础，做出光的氛围和韵律。

七塔禅寺光的分布重点是中轴，然后是两侧通廊，布光至新增筑禅学堂、栖心图书馆，光路连成一体，统一寺院整体光环境逻辑。寺内各处香樟、松树等植被长势树形俱佳，适合灯光表现，围墙的镂窗也是细节刻画之处。禅学堂、斋堂、栖心图书馆及其环境景观作为整体重新做了照明设计，实现了与整体寺院风格协调统一。

在全局鸟瞰时能感受到灯光充融于院子里和廊下殿内。门前七塔、牌坊、高耸的莲花金幢灯光外显，随院子空间的深入而内隐。没有被照亮的乌瓦屋顶，把喧闹的市井光挡在了外围，以呼应禅寺的栖心之愿。

**主要灯具产品
及应用信息**

入口处

1 七座佛塔
　LED 投光灯：6W，6°，3000K
　LED 投光灯：3W，15×45°，3000K

2 石造牌楼
　LED 投光灯：18W，15×60°，3000K

3 石柱莲花金幢
　LED 投光灯：18W，15×60°，3000K

4 投光灯石柱镂空围墙
　LED 投光灯：12W/m，15×60°，3000K

天王殿

1 正面门廊
　LED 投光灯：6W，6°，3000K
　LED 洗墙灯：18W，60°，3000K

2 墙面及匾额
　LED 投光灯：3W，20°/30°，3000K

3 二层斗拱
　LED 线条灯：6W，15×60°，3000K

圆通宝殿

1 牌匾
　LED 投光灯：3W/6W，20°，3000K

2 南北立柱
　LED 投光灯：3W/6W，10×60°，3000K

3 墙面及花窗
　LED 投光灯：3W/6W，60°，3000K

4 二层翼角
　LED 投光灯：9W，45°，3000K

5 二层斗拱
　LED 线条灯：6W，15×60°，3000K

钟鼓楼

1 牌匾
　LED 投光灯：6W，30°，3000K

2 墙面及花窗
　LED 投光灯：6W，30°/60°，3000K

3 二、三层翼角
　LED 投光灯：9W，45°，3000K

三圣殿

1 立柱及牌匾
　LED 投光灯：3W，10°/10×60°/20°/60°，3000K

2 二层翼角
　LED 投光灯：9W，45°，3000K

3 二层斗拱
　LED 线条灯：6W，15×60°，3000K

绿化照明

1 LED 投光灯：20W，25°，3000K

2 LED 投光灯：6W，25°，3000K

主轴连廊庑

1 LED 小射灯：1W，10°，3000K

2 定制灯笼：5W，3000K

两侧通廊

　LED 地埋灯：6W，30°，3000K

试灯研究

如何为寺庙的室内空间布光？

- 照明理念是一盏明灯，经文化作光在室内空间中弥漫永存。
- 传统制式的空间美和佛教信仰的虔诚仰止都是魅力所在，氛围是糅合在一起的。根据每层的空间特点，用恰当的照明方式，让光从空间中流淌出来是设计的要点。
- 整体照度设定偏暗，易于突出主体和空间的深度。
- 表现传统建筑空间细节的美，照明手法上不能在视线上出现直视光源，主要采用间接照明的手法，尽量隐藏灯具。
- 顶层为歇山顶构造内的三角空间，是为静思之所。这种空间布局，也只有阁才会这么做。与一般的大殿不同，灯光布局更安静舒适为要。古建的细节需要光的梳理，阁楼空间用间接光实现空间亮度。
- 主空间有宏大的美，附属空间有层次的美，尺度不同，观感不一样，空间需要光的暗示。
- 在照明手法上把古建空间结构逻辑的美与表现佛造像结合起来，调整亮度，恰当表达镏金、铜等质感，控制油漆面反光，控制主景与背景亮度方差，展现柔和的背景层次。

1 光的渗透与空间的延展

设计思考

法华寺位于浙江省湖州市，毗邻太湖，开山祖师可上溯为南北朝齐（公元 479—502 年）比丘尼道迹。新建的真身殿建筑高 22m、长 26m、宽 24m，为榫卯木质结构，为容纳观音真身舍利塔而建。

真身殿面阔五间，进深五间，分为一层、夹层、二层和顶层阁楼四个空间。真身殿为歇山重檐顶，底层三面回廊并三出抱厦，实际为殿阁形制。真身殿为全木质结构建筑，室内空间层次极为丰富，面积约 1000m²。 佛教殿阁空间内大多是以佛像造像为主角展开的布局，参拜者也主要关注并参拜大慈大悲的佛祖，布光尽量求完整并将重点布光集中至佛像上部及脸部手部的刻画。多尊佛像陈列时，用光也需分出主次层次。

主殿一般是内部洞游空间，空间是以中国传统木构架体系为逻辑建构的，因此内部会出现木构梁架、椽檩、斗拱、柱式、藻井、额枋，这是建筑本身的魅力。如果是阁，洞游空间上升至二层、三层、顶层，并有垂直交通空间出现，如坡度较陡的楼梯。

因此，空间的氛围有双重性，对寺庙而言，有参拜寺庙的信者和参观寺庙的游者。传统制式的空间美和佛教信仰的虔诚仰止都是魅力所在，氛围是糅合在一起的。根据每层的空间特点，用恰当的照明方式，让光从空间中流淌出来是设计的要点。整体照度设定偏暗，易于突出主体和空间的深度。当然整个室内照明采用 DALI 控制系统集成控制，可以通过调光在每天不同时段出现不同的灯光效果，适合法式需求和时间变化时的调节，也想体现光像生命一样是流动变化的。

1 为展现空间主角佛塔佛像布局，调整光的明暗关系
2 主体空间中照明的主次关系
3 光影与时光
4 宗教氛围与木构空间的融合
5 用光梳理复杂的木构组件
6 回游空间的灯光布局方式

| 1 | 3 4 |
| 2 | 5 6 |

照明方式

表现传统建筑空间细节的美，照明手法上不能在视线上出现直视光源，主要采用间接照明的手法，尽量隐藏灯具。像每层的天花斗拱，是用光向上洗亮层层斗拱，弱化出光面，再通过斗拱的二次漫反射将光散到空间中去。从一层到顶部藻井的光层层向上，也寓意这佛法的高不可观，灯灯相传。

登上殿阁的二层回廊，空间脱离一层的方正，层高发生变化，空间亦显繁杂，略有曲径通幽之感，这层预计作为展陈空间，照明方式也是兼顾的。顶层为歇山顶构造内的三角空间，是为静思之所。这种空间布局，也只有阁才会这么做，与一般的大殿不同。灯光布局更安静舒适为要，古建的细节需要光的梳理。

佛启示彼岸，光引导前行，渐次进入目的空间。主空间有宏大的美，附属空间有层次的美，尺度不同，观感不一样，空间需要光的暗示。设计师对现场多次踏勘，并绘建完整空间模型来深入理解空间，感悟空间和与空间交流，践行照明设计师的职业使命和对观音佛祖的虔诚。照明理念是一盏明灯，经文化作光在室内空间中弥漫永存。

1 | 2

1 通往上层空间的灯光指引
2 层层叠叠的古建藻井之美

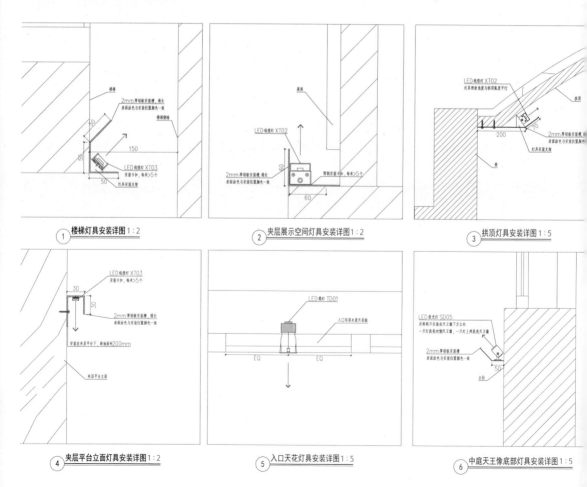

① 楼梯灯具安装详图 1:2

② 夹层展示空间灯具安装详图 1:2

③ 拱顶灯具安装详图 1:5

④ 夹层平台立面灯具安装详图 1:2

⑤ 入口天花灯具安装详图 1:5

⑥ 中庭天王像底部灯具安装详图 1:5

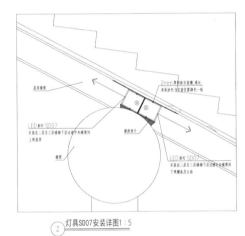

1 殿阁的多层空间体现古建筑构架体系之美
2 楼梯、夹层展示、拱顶、夹层平台、入口天花、中庭天王像底部细部
3 布光就是界定空间
4 二至三层楼梯下过道顶面，二至三层楼梯上过道顶面灯具，灯具SD07

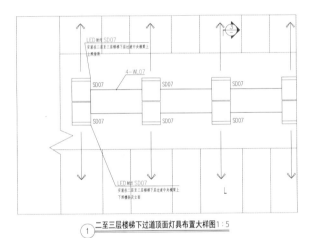

① 二至三层楼梯下过道顶面灯具布置大样图1:5

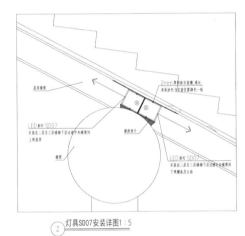

② 灯具SD07安装详图1:5

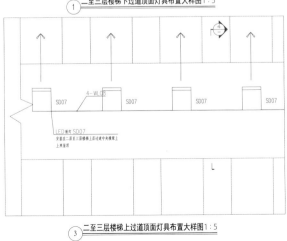

③ 二至三层楼梯上过道顶面灯具布置大样图1:5

④ 灯具SD07安装详图1:5

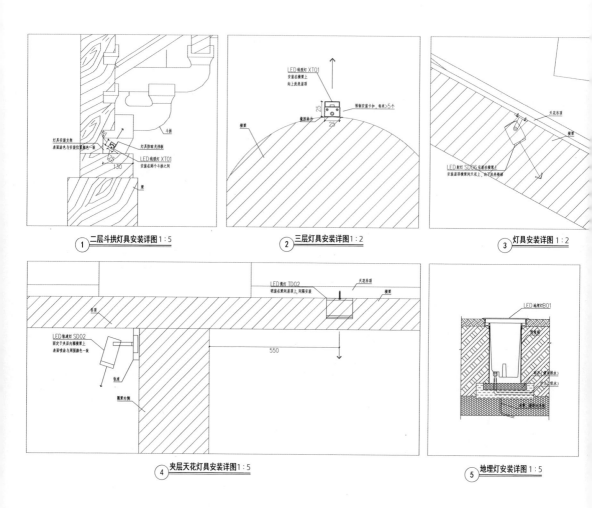

① 二层斗拱灯具安装详图 1:5   ② 三层灯具安装详图 1:2   ③ 灯具安装详图 1:2

④ 夹层天花灯具安装详图 1:5   ⑤ 地埋灯安装详图 1:5

1

1 二层斗拱、三层、夹层天花、地埋灯细部

**主要灯具产品
及应用信息**

门厅

LED 筒灯：3W，30°，3000K

外廊

LED 地埋灯：12W，10°，2700K
LED 线型灯：15W，100°，3000K

佛堂

LED 筒灯：3W，30°，3000K
LED 线型灯：15W，100°，3000K
LED 射灯：10W，50°，3000K
LED 射灯：10W，15°，3000K

寺史展廊

LED 筒灯：8W，30°，3000K
LED 射灯：10W，30°，3000K

观音展廊

LED 筒灯：8W，30°，3000K
LED 射灯：15W，30°，3000K
LED 线型灯：15W，100°，3000K

三层密坛

LED 射灯：5W，40°，3000K
LED 线型灯：18W，60°，3000K

佛塔

LED 射灯：20W，20°，3000K

通道

LED 射灯：5W，40°，3000K
LED 线型灯：10W，100°，2700K

试灯研究

展示与工作室并行的空间
怎么用光界定内外？

- 在日光与灯光交叉的空间里，院子与屋子、户内与户外的感受也在交替着，冷暖互映，诠释着本来生活应有的状态。
- 有意识地将光投射到立面与地面的交界处，明确空间界限，此时用光效率是最高的。
- 平衡不同空间的光照状态，丰富院落空间的感受。
- 通用展示空间有两层楼高，标准轨道式照明方式加上部分引电点以适应不同主题与布置方式的物件展示。
- 理解无用的精神世界，充实对空间的认识和用光的度。

1 2018 马可策展的"生活在何处"投光灯聚焦展品，点明展示主题

设计思考

北京无用空间完成于 2014 年。承接这个任务缘于建筑师梁井宇的推荐，结识著名服装设计师马可及无用团队，与马可的交流，理解无用的精神世界，充实对空间的认识和用光的度。同时感受到了著名服装设计师马可对于古老本原生活的执着追求与探索。

生活在何处？羊、骆驼、牦牛和牧人远去的背影。这是无用生活空间第九届民艺新展的主题，由马可策划，在 2018 年的冬至日开幕。游牧时光，点点滴滴，马车、羊皮袄、纺车、皮帐篷，还有影像中的牧人与羊群。射灯聚焦展示品，明暗对比强烈，营造暗环境为墙面影像自由播放创造了条件。展览在继续着，新展览还会策划，基本的展示灯光提供了策展创作的基础条件。

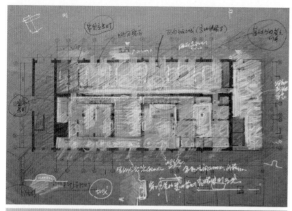

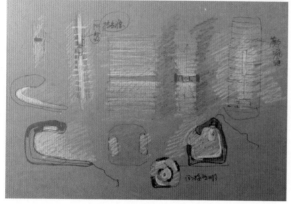

照明方式

北京无用空间有两部分。一部分为私属化生活空间，承担内部体验预约客户的服务；一部分为对外的通用展厅，展示马可下乡探访的民艺收集成果。室内改造由著名建筑师梁井宇先生担任。

生活空间中再现了生活中的场景：院子、客厅、活动空间、儿童娱乐空间、厨房、茶室、卧室起居、卫生间等。生活空间场景朴素低调、材料原始。布光的原则是表达主要物件、空间关系，以及通路指引。有意识地将光投射到立面与地面的交界处，明确空间界限，此时用光效率是最高的。在日光与灯光交叉的空间里，院子与屋子、户内与户外的感受也在交替着，冷暖互映，诠释着本来生活应有的状态。院子中的生活物件，制衣原料的麻匹，石水槽在光下完整了场景的感受。

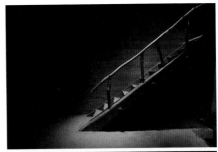

1 光的平面布局。用光的疏密不同对应不同功能要
  求，均匀的布光空间是通用展览空间，方便对应
  不同主题的策展
2 光的迂回与反射，能得到温润的光，光与材
  料质感相融合
3 楼梯的效果
4 走廊尽头的展示
5 光比应用使空间分层次、分主次、分内外
6 独立的空间里有几盏灯分别承担各自的照明
  任务，空间充满戏剧性

1 室内场景的院落展示，光与石臼定义院落的主题
2 透过券门看院子的陈设与光的分布，实现空间被光线引导
3 2014 年马可策展的"中国传统手作油纸伞展"在通用的多功能展厅展出。
　通用的灯光和策展人特殊设定的光线巧妙地把伞的特质表达了出来
4 策展人设定的光让黑暗扩大到无限，空间几近消失

通用展示空间有二层楼高，标准轨道式照明方式加上部分引电点以适应不同主题与
布置方式的物件展示。曾经的展览，如马可策划的无用十周年暨中国传统手作油纸
伞展，展品悬吊空中，射灯照向伞面，犹如天光泻下。参观者游步于伞下，像走在
古街雨天的石板路上，生活、历史、记忆、信仰朴素且巧妙地呈现在现场。

主要灯具产品
及应用信息

外展厅

轨道洗墙灯：24W，2280lm，洗墙配光，3000K
轨道射灯：24W，2280lm，15°，3000K

内展厅

轨道射灯：3W，24°，3000K
线型灯：6W/m，120°，3000K
落地灯：3000K
台灯：3000K
镜前灯：3000K

试灯研究

『亮』是结果，『光』只不过是手段，而『明』才是恰如其分的境界。

孙一民（著名建筑师，全国工程勘察设计大师）

光也是一种建筑材料，夜幕降临，建筑在光的刻画下，展现出既熟悉而又别样的形象。建筑师和照明设计师的密切合作，共同奏响建筑夜的乐章。

陈雄（著名建筑师，全国工程勘察设计大师）

光给人们带来立体的生活，带来多彩的世界，昭示美好的未来，我爱光。

李亦农（著名建筑师，北京女建筑师协会会长）

光是自由的，代表了生命所追寻的最高价值。光是自由的，我们用光来探索自己的存在方式。

刘宇光（著名建筑师，寻找柯布西耶发起人）

柏拉图通过光让人们灵魂转向认识真理，我们通过光让人们直观世界，感受空间。黑暗使光更加有魅力，光使黑暗变得有意义。

胡越（著名建筑师，全国工程勘察设计大师）

透过光，我们可以看到时间的流淌，感受建筑的温度。

王楠（著名建筑师，施耐德＋舒马赫建筑师事务所中国代表）

建筑照明的根本出发点在于对建筑和周围环境的理解，对建筑师设计思想的理解，对使用者、来访者需求的理解。虽然设计手法是多样的，对于建筑结构与空间而言，灯光语言应作为建筑语言的一部分整体设计。建筑照明有塑形的装饰照明，也有功能性的引导照明，如入口、廊下、檐下、阳台、共享空间这些灯光，本身就是景观。为了看的装饰照明比重有多大，选择的结果就是专业度的体现。

建筑照明的光是与载体相随的光。光就像一个游走的灵魂，需要寻找寄生的载体而闪耀。点亮的是灯，看到的是建筑景观等载体。载体有时需要完形，有时需要局部显形，有时又需要隐形，光避开哪里，形态自然会消隐于夜色。布光可比于素描，找形、找光、找影、平衡用笔轻重。高手的素描，停在任何阶段都是一幅画，理想的建筑景观灯光，任何模式下都是夜间风景。

作为地标存在的公共建筑等是城市景观的核心，它被观望，有时又是城市观景点，意象性的光造景必不可少。城市因标志物而定向，景观因标志物而生动，标志物往往是先进照明手段应用的地方。

2

公共建筑

如何通过照明手段解读并升华建筑的语言？

- 室内空间的功能光会像灯笼一样将光逸散至外部，使室内结构空间细节可见，室内的点光源就会像珍珠一样熠熠发光，形成月光宝盒。

- 意识到基地内的景观水池如镜面收入倒映水中建筑的整体形象，避免水中暴露隐藏的灯具。

- 布光的策略：一是立面弯月的塑形，二是与室内灯光的光色平衡，三是底层屋檐下功能光的贯通。

- 为了加强内透的空间延伸，幕墙内侧同样建议室内设计方面设置上照天花的投光灯，实现灯光的逻辑延伸与亮度平衡。

- 底层屋檐下功能光的贯通满足功能要求的照度，色温采用4000K，求得与室内色温的一致，相互渗透。

- 考虑到后期维护的要求，设计了灯具独立安装支架，放置在屋顶防水层与装饰层之间，灯具的更换与维护不破坏建筑主体防护层。

1 水面涟漪下的弯月与建筑的弯月对仗而立

设计思考

西安丝路国际会议中心坐落于西安市东北部的灞河右岸，与西安丝路会展中心相邻并成为一个组团，是西安快速发展中的重点区域。会展中心如幕帐水平铺展，会议中心方正、完整，如白玉般通透。

会议中心建筑成 200m×200m 的方形，高 52.8m，双向轴对称，建筑设计最大的特点是内弧形的月牙挑檐。顶层挑檐内弧呈月牙状，底层雨棚反弧状向两侧延伸。由屋顶下悬的双排（单面 24 根 +22 根，四面共 180 根）柱子将下弧屋面吊起，柱子是拉力柱，这样的结构方式使幕墙与结构体分离，空间获得解放，完整通透，为从外侧看到室内空间提供了条件。因此室内空间的功能光会像灯笼一样将光逸散至外部，使室内结构空间细节可见，室内的点光源就会像珍珠一样熠熠发光，形成月光宝盒。同时结构的创新使 30 ～ 45m 的拉力柱只有 600mm 直径，纤细如竹，光影下如竹林、如丝带，宝盒发光，柱子剪影林立。

基地内的景观水池如镜面，将建筑的整体形象倒映在水中。水与镜子不同，无风、微风、微雨、微雾，形成月光宝盒的另一面，随天象、随时间丰富了建筑的表情，双月共舞。在灞河对岸远眺，牙月浮于岸上灌木葱郁林中，天上月与水中月，在灞河河畔创造出独一无二的城市标志性景观。

基于以上的建筑特质与灯光目标的定义，建筑照明设计的目标在三个方面展开深入：一是立面弯月的塑形，二是与室内灯光的光色平衡，三是底层屋檐下功能光的贯通。

照明方式

用灯光对立面弯月塑形。沿玻璃幕外侧屋面布灯上照弯月，弯月的进深不同，灯功率与数量进行反复推敲，柱间每组 2 台，2 组，柱后 1 组，每台 80W。在屋顶铝板上预留下沉空间，在满足防水要求及隐蔽要求的同时，在上方加防眩光格栅，通过计算及模拟试验，现场样板试验最大限度地隐蔽发光光源设备点。

1

2 3

1 "弯月" 在上，上下弧在光下显示张力
2 会议中心与会展中心连成整体对光
3 光的纯净与细节的精致，相辅相成

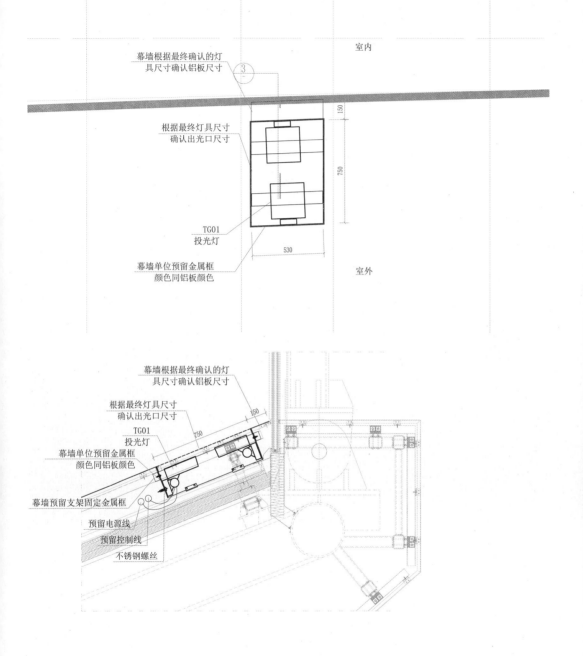

室内

幕墙根据最终确认的灯
具尺寸确认铝板尺寸

③

150

根据最终灯具尺寸
确认出光口尺寸

750

TG01
投光灯

530

幕墙单位预留金属框
颜色同铝板颜色

室外

幕墙根据最终确认的灯
具尺寸确认铝板尺寸

150

根据最终灯具尺寸
确认出光口尺寸

750

TG01
投光灯

幕墙单位预留金属框
颜色同铝板颜色

幕墙预留支架固定金属框

预留电源线

预留控制线

不锈钢螺丝

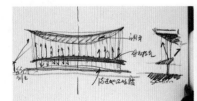

1 下月牙安装节点
2 研讨布光方式，突出建筑结构和造型特点
3 "月光宝盒"的灯光意象
4 上方幕墙外侧布灯突出"上月"造型
5 西安丝路国际会议中心夜间景观
6 弯月的意象在灯光的照射下更聚焦

<table>
<tr><td>1</td><td rowspan="2">5
6</td></tr>
<tr><td>2 3 4</td></tr>
</table>

平衡室内灯光的光色。延续"月光宝盒"的理念，在色温上以 5000K 为主调。内部共享空间主色温是 4000K，局部温暖的材质作用下室内色温略有下降，实现了由外到内、由冷到微暖的过渡。为了加强内透的空间延伸，幕墙内侧同样建议室内设计方面设置上照天花的投光灯，实现灯光的逻辑延伸与亮度平衡。

底层屋檐下贯通功能光。底层是使用空间，首先要满足功能要求的照度。色温采用 4000K，求得与室内色温的一致，相互渗透。其次夜晚在地面反射光的烘托下建筑也会"漂浮"起来，轻盈流畅。根据建筑的风格要求采用了设置通长灯带的照明方式，单边 300mm 宽、200m 长的连续照明在品质要求上确实是挑战，不过实现后的效果很好地融入了简约建筑的细部中。

1 灞河对岸远眺眺月光宝盒般的会议中心
2 简约的线性光带提供地面照明
3 室内空间开放与室外一体，相互照应

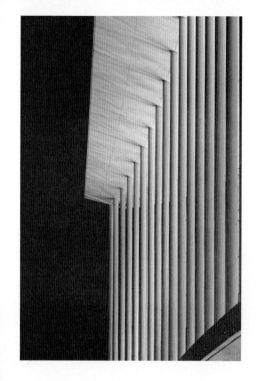

1 柱的剪影如丝如竹

本项目的挑战主要基于两个方面。一是建筑的屋顶是一个倒梯形，上月牙是通过幕墙内凹后将室内外空间切割后形成的，灯光如何精准均匀地照亮外月牙。二是立面上布满立柱（单面46根），如何削弱立柱产生的阴影对月牙的影响。灯具采用椭圆配光并将灯具安装在立柱与立柱之间，灯光透过立柱向外照射，立柱在檐口形成的阴影被多次的灯光叠加削弱。椭圆的配光减少了室内的进光量，通过灯具格栅和幕墙内框的双重过滤，灯光将月牙形体完整显现。

考虑到后期维护的要求，设计了灯具独立安装支架，放置在屋顶防水层与装饰层之间，灯具的更换与维护不破坏建筑主体防护层。灯具外置格栅与灯具表面预留空隙，雨水能够迅速排走，保证了灯具的寿命，同时雨水将灯具表面灰尘带走，保证灯光效果不受灰尘蒙盖的影响。

作为丝绸之路高峰论坛永久会址，在夜晚，月光宝盒以其独特的魅力和鲜明的夜景形象强化了建筑的寓意，灯光为建筑和环境增加了价值。相信这里会成为西安的夜景地标，融入浐灞乃至西安的夜色中，留在来访者的记忆里。

主要灯具产品及应用信息

上月牙

欧司朗 TG01 投光灯：85W，16×40°，5000K，DMX 控制

下月牙

欧司朗 XL01 线型灯：36W，120°，4000K，DMX 控制

设备层

欧司朗 TD01 筒灯：22W，30°，4000K，DMX 控制

试灯研究

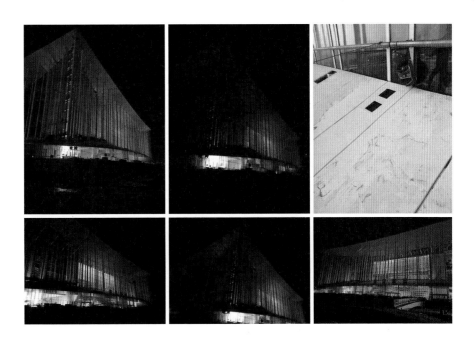

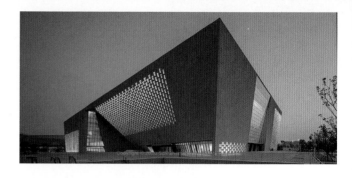

如何为文化建筑布光？
如何用光揭示建筑表皮的意义？

- 窗口让室内外信息产生对话，对于照明设计师来说，也是存放光的凹龛阵列。
- 地面阵列布置地埋灯向上洗亮斜墙面，强化入口的存在感。
- 室内的光透出来，给了空间深度，因此外立面有意避免了装饰光的过多存在。
- 屋顶的照明设计做法是体现室内光部分从屋顶的露出，并点缀点光源使屋面星光闪烁。

1 凹龛的窗洞阵列成为夜间建筑材质的一部分，承担了体形转折和空间的呼吸，是半实体的维护墙

设计思考

位于郑西新区郑州中央文化区（简称CCD）的"四个中心"包括郑州奥体中心、郑州文博艺术中心、郑州市民活动中心和郑州现代传媒中心。郑州美术馆新馆、档案史志馆项目与郑州博物馆、郑州大剧院共同组成 "文博中心"组团。作为照明设计方，我们承担了"四个中心"的整体照明规划设计，并且"四个中心"逐步建成亮相，郑州美术馆新馆、档案史志馆属于其中的一部分。

该馆共4层，地上总建筑面积2.3万 m²。建筑设计理念思路立足中原文化的形态要素， 外墙采用浅灰色的仿石材挂板，质感质朴厚重，体现中原大地的人文气质，石窟元素的窗洞融合于参数化的表皮设计，虚实相间，成矩阵排列，浑然一体。建筑师对石窟窗的构想是从文化符号中抽象提取的，窗口让室内外信息产生对话，对于照明设计师来说，也是存放光的凹龛阵列。

照明方式

项目与周边的主要建筑体量上呼应。两馆按独立功能切分为两个体量，在一层底座和顶部屋面板处相连，形态上成一座整体，中央部分形成城市公共空间，在夜晚用投光灯照亮门洞，强调空间体形的变化。

在建筑东南侧主入口处，墙面大扭面，是引导人流的主入口，地面阵列布置地埋灯向上洗亮斜墙面，强化入口的存在感。面向城市广场的建筑东立面是通透的索网玻璃幕墙，在中庭中形成巨大的框景，室内外景观呼应。

室内的光透出来，给了空间深度，因此外立面有意避免了装饰光的过多存在。建筑的屋顶处理与普通做法不同，用格栅式开口法保证了屋顶设备的通风，维持了体块的完整。照明设计的做法是体现室内光部分从屋顶的露出，并点缀点光源使屋面星光闪烁，呼应"四个中心"的整体光环境构成。

1 入口引导
2 穿插于不同空间中看建筑的塑形与光
3 雕刻般地矗立，不违和的照明处理
4 两馆体形的对接方式由光互映，强化体量被切割

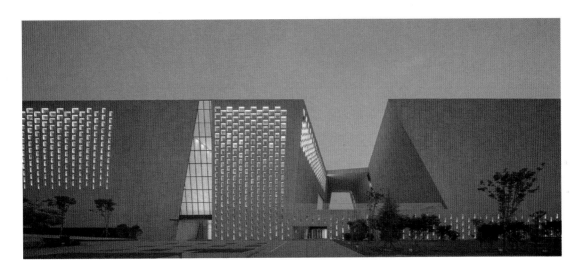

1 建筑的体块切割由光照而认知
2 从轴线上看到室内空间的深度
3 未来林木葱郁时，建筑变为林中光盒

 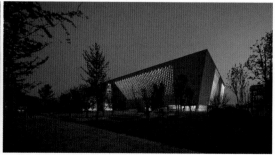

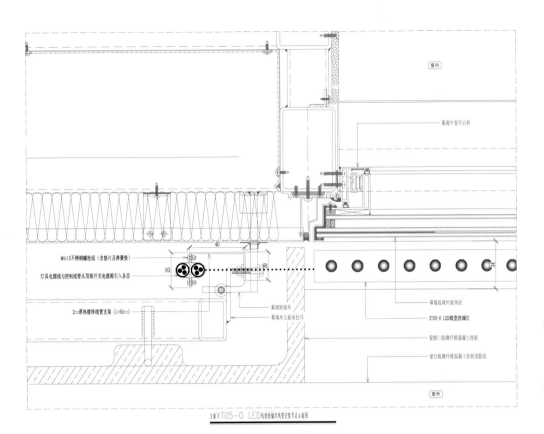

室内

幕墙外窗开启框

M4×15不锈钢螺栓组(含垫片及弹簧垫)

灯具电源线与控制线管从顶部开关电源箱引入各层

2mm厚热镀锌管支架(L=50mm)

幕墙转接件

幕墙单元板块挂环

幕墙玻璃外装饰面

XT05-0 LED线型洗墙灯

窗侧口玻璃纤维混凝土挂板

窗台玻璃纤维混凝土挂板投影线

室外

立面XT05-0 LED线型洗墙灯线管安装节点示意图

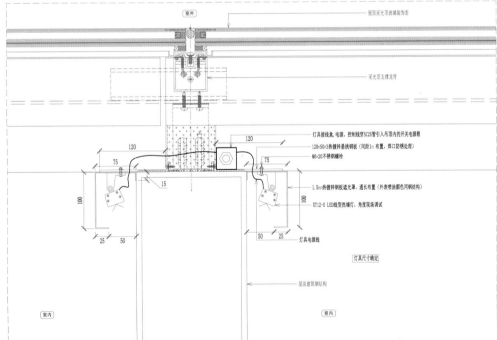

室外

屋面采光顶玻璃装饰面

采光顶支撑龙骨

灯具接线盒、电源、控制线穿SC25管引入用顶内的开关电源箱

120×50×3热镀锌悬挂钢板(间距1m布置,焊口防锈处理)

M6×20不锈钢螺栓

1.5mm热镀锌钢板遮光罩,通长布置(外表喷涂颜色同钢结构)

XT12-0 LED线型洗墙灯,角度现场调试

灯具电源线

灯具尺寸确定

屋面建筑钢结构

室内

室内

采光顶下方XT12-0 LED线型洗墙灯安装节点示意图

65

"四个中心"的整体照明规划设计中，有对大部分主体建筑的体量投光处理，目的是突出公共建筑的体量感和群体夜景效果。在节日时，建筑会披上光的彩妆，随控制系统的调节呈现诸多场景变化。

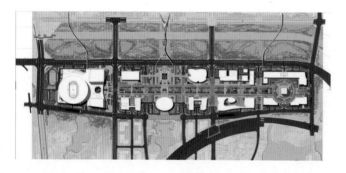

1 总平面图
2 天窗细节

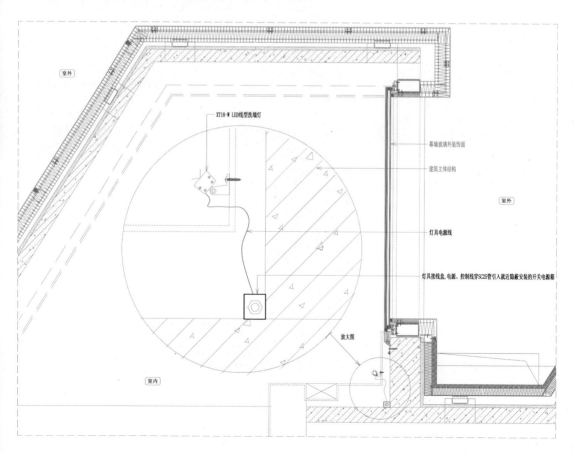

XT18-W LED线型洗墙灯

幕墙玻璃外装饰面

建筑主体结构

灯具电源线

灯具接线盒,电源,控制线穿SC25管引入就近隐蔽安装的开关电源箱

室外

室内

放大图

主要灯具产品
及应用信息

1　投光灯：300W，10°～15°，5700K
　　　　　 300W，20°～25°，5700K
　　　　　 100W，10°～15°，5700K

2　线条灯：5W，10°×60°，3000K
　　　　　 12W，30°×60°，4000K
　　　　　 18W，60°，4000K

3　吸顶灯：20W，≥150°，3000K

4　筒　灯：22W，30°，3000K

试灯研究

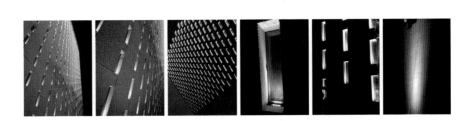

如何为地标性超高层建筑布光？
如何藏灯于幕墙构件之内？

- 照明设计的最终目的在于体现建筑的独特性，以及在建筑语言层面创造最适宜的光影氛围，突出建筑在城市中的格调和识别性。

- 整体设计和实施中不仅严控散射和眩光，还要避免不需要被突出的空间被意外地强调。

- 塔楼的远眺效果极为重要，夜景要有非常清晰的地标识别性。

- 大堂区域及空中阳台保持 3000K 的暖色温，幕墙区域保持 4000K 色温，这样能清晰地区别室内外照明，体现出建筑的结构美。

- 照明勾勒出塔楼边缘，通过控制逐渐增加亮度。在到达位于拐角处的肋板时，照明亮度达到最大，随后朝侧面逐渐减小亮度。这样的照明手法可为塔楼外形带来柔和变化，并在视觉上衬托出建筑结构。

- 沿整个建筑造型设置的幕墙肋板照明从正面反向射出光线，这些光线在肋板内部经过折射，形成了柔和的扩散效果。

- 为了顶层观景大堂空间具有极高的可见度，有意加强了空间内幕墙灯光的亮度，期望成为城市的灯塔。

1 中央广场屋顶灯光成为城市夜景地标

高层地标建筑在城市中的象征意义很强，植于幕墙之内的照明设备的目的是做出稳定的夜间形象

设计思考

绿地中央广场项目位于郑州市郑东新区东风南路与康平路交会处，矗立于宽阔的高铁站西广场西侧，项目占地 42133m²，规划总建筑面积 82 万 m²，投资总额 80 亿元，由两栋 285m 的高楼构成，轻巧精致而又动感十足，建成时是郑州当时高度最高、体量最大的双塔式超高层建筑，集国际甲级办公、主题精品商业、高端企业会所、观光和文化休闲娱乐等服务业于一体。

作为郑州交通枢纽中心的重要组成部分，该项目将与郑州地铁、高铁站前中心地下广场相连，其特殊的地理位置与建筑形式决定了绿地中央广场必成为郑东新区乃至郑州市的一个地标性建筑。

九曲黄河连云霄，是德国 GMP 建筑事务所提出的建筑设计寓意和灯光寓意。灯光照明设计的最终目的在于体现建筑的独特性，以及在建筑语言层面创造最适宜的光影氛围，突出建筑包容的特性。整体设计和实施中不仅严控散射和眩光（特别是裙楼区域），还要避免不需要被突出的空间被意外地强调，所以许多照明设备都是专门为绿地中央广场设计的，目的就是满足建筑不同区域几何形态的效果实现。

1　2
　　3

1 建筑照明是空间结构逻辑的诠释与提示，与白天
　呈现外表不同，夜晚会强化建筑内的氛围
2 空中花园室内幕墙灯具安装细节
3 入口安装细节

照明方式

绿地中央广场主要由两栋塔楼组成，从远处看有非常清晰的地标识别性。因此，塔楼的远眺效果极为重要，整个塔楼均环绕幕墙结构，并由几个空中大堂进行规则的分割，最顶部的顶层观景大堂玻璃幕墙具有极高的可见度。

为了凸显这一独具特色的塔楼设计，夜晚需通过灯光颜色强化幕墙表面的效果，大堂区域保持 3000K 的暖色温，而幕墙区域保持 4000K 色温，这样塔楼顶层大堂的背景面等室内区域及塔楼空中阳台的底面，就能清晰地区别于幕墙立面照明，体现出建筑的结构美。

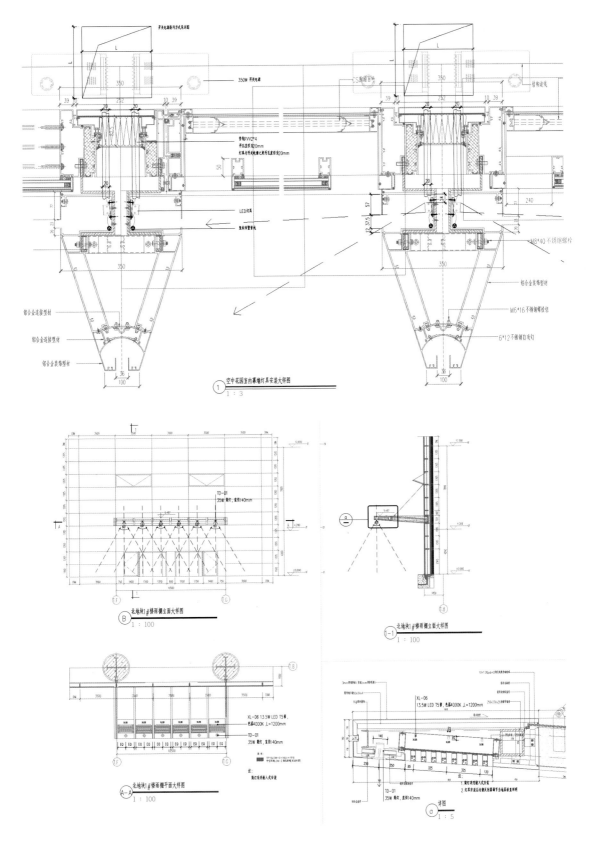

空中花园室内幕墙灯具安装大样图 1:3

北地块1#楼雨棚立面大样图 B 1:100

北地块1#楼雨棚立面大样图 1-1 1:100

北地块1#楼雨棚平面大样图 A-A 1:100

a 1:5

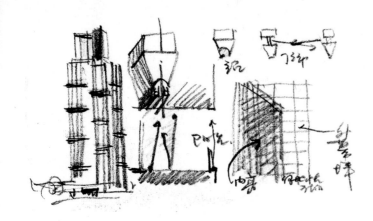

建筑立面幕墙照明设计，考虑到了美观、节能的因素，无须对所有塔楼幕墙肋板进行照明，仅需以照明勾勒出塔楼边缘，通过控制逐渐增加亮度。在到达位于拐角处的肋板时，照明亮度达到最大，随后朝侧面逐渐减小亮度。这样的照明手法可为塔楼外形带来柔和变化，并在视觉上衬托出建筑结构。

根据建筑要求，专门调整了灯具的光束角，沿整个建筑造型设置的幕墙肋板照明从正面反向射出光线，这些光线在肋板内部经过折射，形成了柔和的扩散效果。无论从任何视点看，没有眩光影响和光源外露出现，且目标区域保持均匀照明的呈现。

除了这些基本出光方式的尝试，进一步对幕墙照明进行动态控制，即采用脉动方式，让整体光强度缓慢变化。所有幕墙肋板都将被同时调暗调亮，相互间形成相同的亮度变化递进关系。用数字表示即是，如果中央肋板亮度由 100% 调至 50%，则亮度为 60% 的肋板将亮度调暗至 30%，通过不同的照明模式（动态照明、明暗控制、节能照明、平日模式等），创造出更具氛围的照明环境，强调了建筑体量，实现整体明暗有序、光影和谐的效果，给出站的旅客强烈的视觉冲击，形成一道令人惊叹的城市天际线。

裙楼底层区照明的出光方式严格控制，灯具的光束角严格控制于地面，避免在幕墙玻璃上反射产生眩光，影响周边空间。下照灯有规律的结合设置于幕墙肋板底部，即幕墙肋板和楼板连接区，与幕墙构建紧密结合，为沿街提供精心设计的功能照明环境。

1 立面照明方式研究
2 解决地面照明的灯具也隐藏在幕墙竖肋尾部，白天隐，夜晚显

除了裙楼的功能照明外，还有水景和树木等的环境照明。辅路上的灯光呈带状展开，为中央地块公园创造了明亮宜人的照明环境。

1 虽然建筑高耸，但照明的作用使其与环境融洽，又保持自我的独有特征

**主要灯具产品
及应用信息**

1　外立面幕墙竖向肋条：LED 线型投光灯，8.5W/1.2m，120°

2　屋顶空中花园室内幕墙肋条：LED 线型投光灯，13.7W/1.2m，30°

3　空中露台扶手：LED 线型投光灯，10W/1.2m，60°

4　空中露台檐口：LED 线型地埋投光灯，46W/m，40°
　　　　　　　　　LED 线型投光灯，36W/m，30°

5　雨棚：金卤筒灯，35W，35°×60°

试灯研究

如何为观演建筑布光，实现建筑的功能性与意象性？

- 傣秀剧场的夜景照明设计就是希望表现大斗笠造型，使其在雨林中飘浮，在空中形成一朵放射的花，达到光与雨林的共鸣。
- 现代的观演剧场通常一层解决交通疏散停留等需求，布光是向下的功能照明。
- 照亮地面与天花的同时，地面的光反弹后形成底层的亮空间，像把屋顶浮起来的感觉一样。
- 金色的屋顶用暖色光照亮更有辉煌感。光照到金属板上的色温在2000K左右，重檐上下安装灯具，上下互照，突出折板的起伏感。
- 从空中俯瞰，照明由外到内由三层光晕形成了向剧场中心汇聚的引导态势。
- 应用的灯具有定制和常规通用产品，目的是藏灯具于构件之中。

1 地面是人流活动的地方，用光量也是最多的。这里打亮地面的光与照亮结构的光混合在一起相互作用、相互影响

设计思考

早期马戏团的帐篷就是一个组装的宝顶似的建筑，看到这种形式就会想到里面丰富有趣的内容，这种镶着边的华丽帐篷成了马戏演出的符号化建筑。傣秀剧场也是同类型的建筑，但建筑形式是永久的，屋顶是圆形的，沿中心折扇面般展开。双层屋顶似重檐，很像雨林中的芭蕉，层叠承雨落下。周边立柱似分叉的枝丫撑起庞大的屋顶，金黄色金属屋顶板折叠转折，像超级斗笠，与西双版纳的环境很好地交融，建筑语言很当地文脉化。

傣秀剧场的夜景照明设计就是希望表现这个大斗笠，使其在雨林中飘浮，在空中形成一朵放射的花，达到光与雨林的共鸣。

照明方式

建筑是现代的观演剧场，一层解决交通疏散停留等需求，布光是向下的功能照明，选择嵌入天花的筒灯，同时向上看折板屋顶也很有魅力，于是在支柱上安装了投光灯。一方面打亮屋顶，增强底层空间的感受，同时地面的光折射后形成底层的亮空间，像把屋顶浮起来的感觉一样，这样超级斗笠飘浮的形象就成了当地的地标物，与记忆相连，与演艺相关。

金色的屋顶用暖色光照亮更有辉煌感。光照到金属板上的色温在 2000K 左右，重檐上下安装灯具，上下互照，突出折板的起伏感。暖色在自然环境中更具亲和力，并且在四周绿植茂密的景观环境中，建筑的光可以有合适的穿透力。通过光影的节奏变化，增强建筑造型在夜间的视觉冲击力，并加强建筑的层叠印象。

从飞机上可以看到傣秀剧场的第五立面。灯光的密度随着建筑的升高而逐层降低，天窗亮出折扇的肋，从空中俯瞰，照明由外到内由三层光晕形成了向剧场中心汇聚的引导态势，像一朵盛开的花，建筑造型由光获得升华，图形化了。

1

1 一层结构屋顶下面安装向下的功能照明灯具和向上的照亮屋顶灯具。屋顶亮起来的意义有空间延伸和结构美呈现两方面的作用

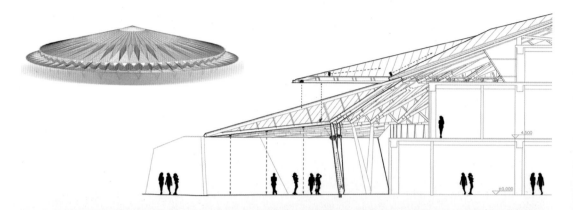

1 光从屋顶、层间、地面渗出来显示建筑的造型与构成
2 庞大的屋顶仍然需要补充下照的灯光，在偏好美学效果的同时，首先要满足使用对灯光的基本需求
3 安装细节设计

1 | 2 3

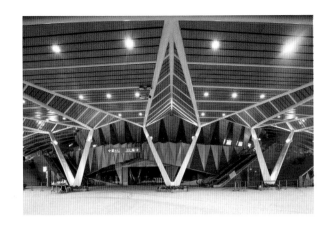

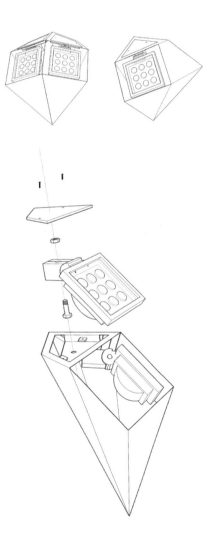

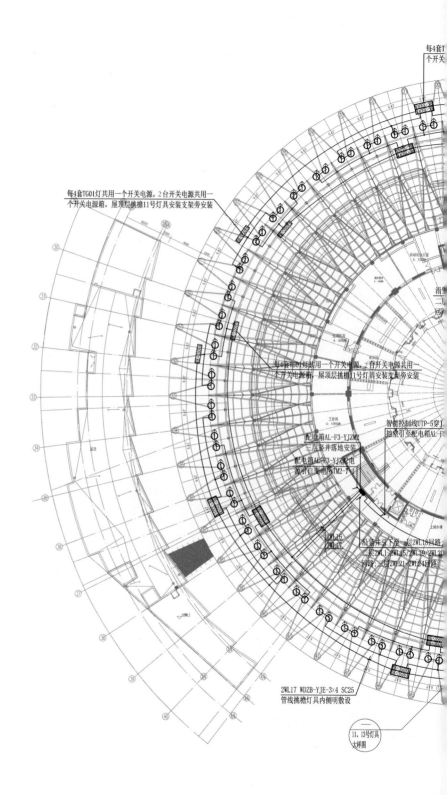

每4套TG01灯共用一个开关电源，2台开关电源共用一个开关电源箱，屋顶层挑檐11号灯具安装支架旁安装

每4套TG01灯共用一个开关电源，2台开关电源共用一个开关电源箱，屋顶层挑檐11号灯具安装支架旁安装

智能控制线UTP-5穿J管墙壁引至配电箱AL-F

配电箱AL-F3-YJZM2
三层竖井落地安装

配电箱AL-F3-YJZM2电源引自变电所TM2-7-1

消防竖井引下变一层2WL18回路
二层2WL1-2WL4/5/2WL19/2WL20
回路；三层2WL21-2WL24回路

2WL17 WDZB-YJE-3×4 SC25
管线挑檐灯具内侧明敷设

11、13号灯具
大样图

傣秀剧场屋顶层平面电气图

源，2台开关电源共用一
号灯具安装支架旁安装

1WL18 WDZB-YJE-3×4 SC25
管线挑檐灯具内侧明敷设

配电箱AL-F3-YJZM1电
源引自变电所TM2-6.4

配电箱AL-F3-YJZM1
二层马道安装

1WL17 WDZB-YJE-3×4 SC25
管线挑檐灯具内侧明敷设

智能控制线UTP-5穿JDG15二层
吊顶引至配电箱AL-F3-YJZM1

RVV-2×4 SC20
管线挑檐灯具内侧明敷设

TG01 54WLED投光灯(11号灯具)
嵌入在顶层屋檐下

每4套TG01灯共用一个开关电源，2台开关电源共用一
个开关电源箱，屋顶层挑檐11号灯具安装支架旁安装

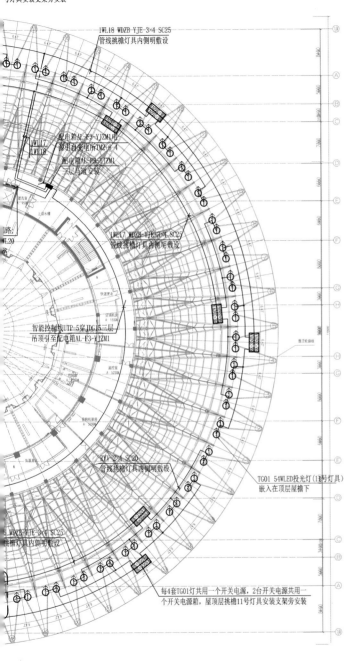

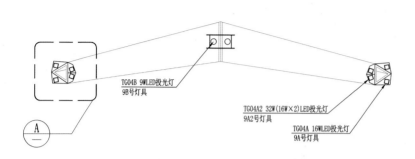

TG04B 9WLED投光灯
9B号灯具

TG04A2 32W(16W×2)LED投光灯
9A2号灯具

TG04A 16WLED投光灯
9A号灯具

Ⓐ

9号灯具V形柱平面安装示意图 1：20

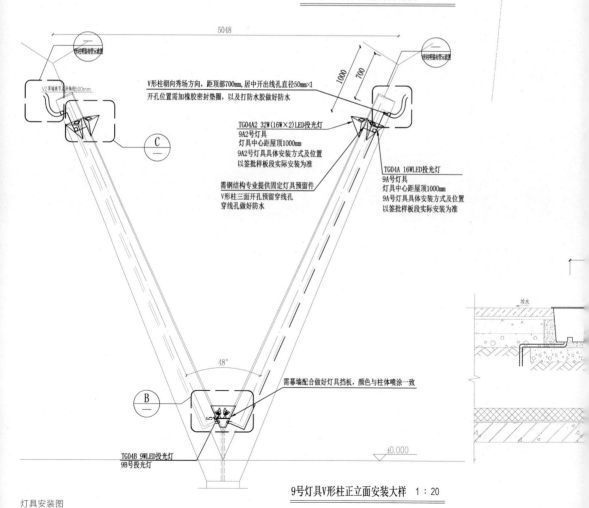

5048

1000

700

V形柱朝向秀场方向，距顶部700mm，居中开出线孔直径50mm×1
开孔位置需加橡胶密封垫圈，以及打防水胶做好防水

TG04A2 32W(16W×2)LED投光灯
9A2号灯具
灯具中心距屋顶1000mm
9A2号灯具具体安装方式及位置
以签批样板段实际安装为准

TG04A 16WLED投光灯
9A号灯具
灯具中心距屋顶1000mm
9A号灯具具体安装方式及位置
以签批样板段实际安装为准

需钢结构专业提供固定灯具预留件
V形柱三面开孔预留穿线孔
穿线孔做好防水

Ⓒ

48°

Ⓑ

需幕墙配合做好灯具挡板，颜色与柱体喷涂一致

TG04B 9WLED投光灯
9B号投光灯

±0.000

9号灯具V形柱正立面安装大样 1：20

灯具安装图

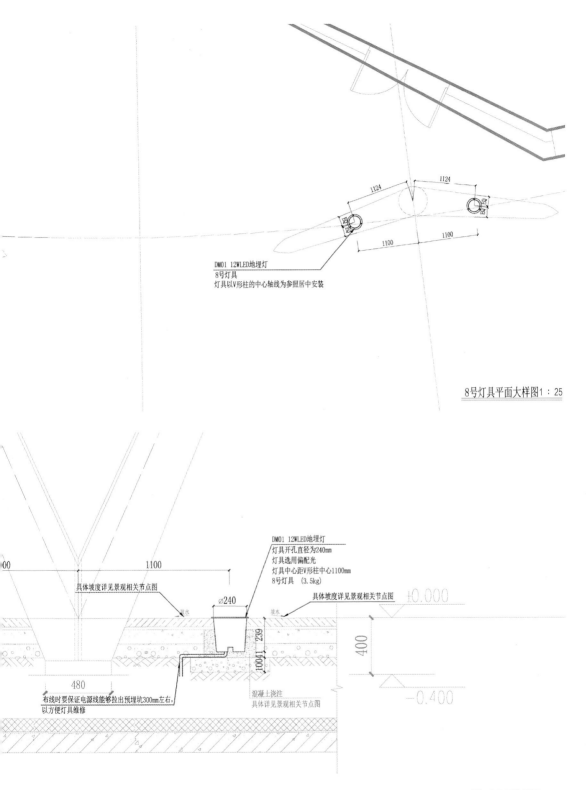

DM01 12WLED地埋灯
8号灯具
灯具以V形柱的中心轴线为参照居中安装

8号灯具平面大样图1：25

1100

具体坡度详见景观相关节点图

泄水

DM01 12WLED地埋灯
灯具开孔直径为240mm
灯具选用偏配光
灯具中心距V形柱中心1100mm
8号灯具 （3.5kg）

具体坡度详见景观相关节点图

±0.000

∅240

泄水

400

−0.400

480

布线时要保证电源线能够拉出预埋坑300mm左右，
以方便灯具维修

混凝土浇注
具体详见景观相关节点图

8号灯具立面大样图1：30

1 屋顶鸟瞰是有编织意味的图案，契合少数民族地域风格

剧场两层雨棚的吊顶部分都采用投光灯照亮，使在中、近距离观看以及在剧场二层平台的观众都能够感受到剧场丰富的建筑语言并避免雨棚带来的压抑感。一层用光4000K，偏冷，与屋顶配合，冷、暖两色灯光强化了建筑的屋顶印象和节奏感，等待区作为进入剧场的缓冲地带，强化照明使得观众逐渐兴奋起来。

应用的灯具有定制和常规通用产品。设计的着力点是与 V 形支撑柱相结合的照明系统，目的是藏灯具于构件之中。定制灯具只有少部分，大量灯具为通用型，便于日后维护。虽然建筑相对单一，规模不是很大， 灯具品类也很少，但对每一个计划照亮的部位都试了灯，确认了设计效果，因此完工后也实现了预期的设想。

**主要灯具产品
及应用信息**

一层

1　V 形柱结构地埋灯（上投）：12W，30° 偏光 15°，3000K

2　V 形柱结构底部投光灯（上投）：9W，15°，蓝色 + 白色

3　V 形柱结构上部定制投光灯（上投）：16W，60°，3000K

4　V 形柱结构上部定制投光灯（上投）：32W，60°，蓝色 + 白色

二层雨棚

1　天花筒灯（下照）：70W，50°，3000K

2　屋面投光灯（上投）：150W，65°，2200K

三层雨棚

1　檐口投光灯（下投）：54W，偏光 60°，明黄色

2　屋面 V 形凹槽投光灯：96W，60°，明黄色

3　屋面 V 形凹槽投光灯：96W，25°，明黄色

试灯研究

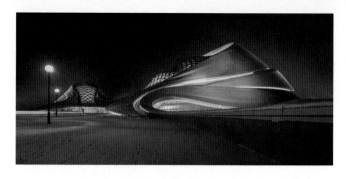

如何为有大地景观特性的建筑布光？

- 基于对观景点上的景观、自然中的自然形、环境中的建筑空间环境的整体理解，制定了夜间灯光环境的设计策略。
- 在保证使用功能光的前提下，实现用光塑形，用色温辨空间冷暖，用光带引导视线流动的光影诗意化表达方式。
- 设计中采用了造型的光、流动的光、浮起的光、溢出的光四种用光的概念来说明建筑布光的逻辑。
- 建筑的立体感的体现靠光影的互衬，投光的面积有意识地控制在 60% 的建筑表面上，同时控制亮度在设定范围内，其余的留给了影子。
- 建筑环廊是建筑造型的细部，也是人流的动线部分，用光表达动线既是对建筑的细节刻画，又是对人流视线的导引。
- 室内的灯光外溢是建筑外观最自然的灯光状态表达，从亮度上讲，室内部分应该是亮度最高的。从室内高亮度向室外低亮度外溢是最自然的灯光表现，反之就会本末倒置，削弱建筑的空间感。
- 环境光的层级，从中心（室内）到主体建筑外观、室外广场景观、湿地沼泽依次逐渐弱化用光，体现对环境的尊重。
- 灯位顺应了结构的逻辑，灯槽内的灯具安装位置保证在不同的角度不漏光源且均匀连续，这些细节直接与光环境的品质相关联。

1 光的温暖与雪天的寒冷对仗时，空间与造型诗意化了

设计思考

太阳岛的知名度不亚于充满异国风情的城市哈尔滨本身，它也是哈尔滨的重要组成部分，是城市中的自然生态景观。太阳岛早期就曾被外侨当作野餐、野游、野浴的三野休闲浪漫之地。1979 年歌唱家郑绪岚曾以一曲《太阳岛上》红遍了全国，"明媚的夏日里天空多么晴朗，美丽的太阳岛多么令人神往"，估计当时的听众也是被歌词中迷人的太阳岛风光水色所感染。如今太阳岛已是国家 4A 级旅游风景区，在城市中，这样的自然风貌确实是弥足珍贵。

哈尔滨大剧院就是建在这样的风景区北侧，松北区前进堤、外贸堤和改线堤的围合处的湿地公园内。基于基地的特殊性，大剧院的建筑属性就注定它的景观性需求超越功能性要求。

基地范围大约为 1.31km²。其中大剧院及文化中心占地面积 16617m²，总建筑面积 7.9 万 m²。大剧院由包含 1600 座的大剧场及 400 座的小剧场和附属设施组成。主体建筑高度为 56.4m，上设有屋顶观景平台，可俯瞰湿地景观，远眺城市。建筑整体以舒展的姿态自如延伸，它虽然不是城市尺度上突出的景观点，然而奇特的造型仍然会使人们在远处注意到。

基地内大部分是自然的沼泽景观，经过景观设计师的设计仍然维持了其自然的属性。基地内的步行观赏交通用栈道相连，采用了重自然、轻人工的手法。

依据建筑的造型及材料特征，采用画素描的美学逻辑去用光

建筑师的最初设计概念来自雪堆，造型像积雪在凛冽寒风下的塑形，并在风力吹刮下生出波纹和裂带。建筑设计工具采用当下流行的"犀牛"计算机制图软件，这个工具使曲面和流线的设计自如、随心所欲，同时使异形的建造成为可能。外墙表皮用 5mm 厚铝板制作加工，内墙用 GRC（玻璃纤维混凝土）板进行曲面塑形。建造技术迥异于以往的传统。我们很难找到代表性的平面、立面和剖面。可以说设计手段是科技的、先进的，造型与空间表现是浪漫的、随性的，当然这种设计方法在每个环节都是对专业性的挑战。

1 室内外灯光的一体化呈现
2 光使建筑浮起，光使顶部如雪山般矗立，好像光与影在游戏
3 檐廊下贯通的线性光

1
23

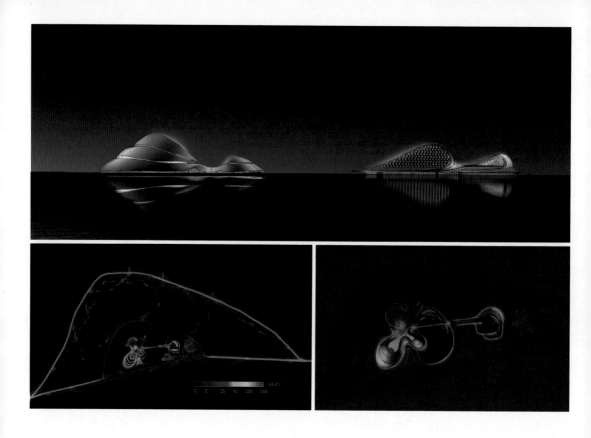

照明方式

基于对观景点上的景观、自然中的自然形、环境中的建筑空间环境的整体理解，制定了夜间灯光环境的设计策略。在保证使用功能光的前提下，实现用光塑形，用色温辨空间冷暖，用光带引导视线流动的光影诗意化表达方式。归纳起来，我们采用了造型的光、流动的光、浮起的光、溢出的光四种用光的概念来说明建筑布光的逻辑，同时在景观布光和室内照明的设计上制定了用光的基本原则。

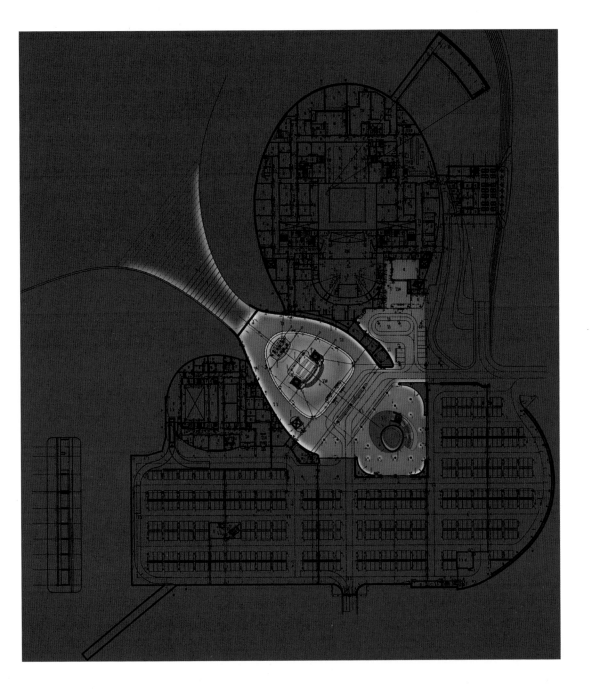

1 建筑群的沿江立面
2 场地大范围内的布光强度示意
3 大剧院与文化中心以及景观水池的布光方案
4 进入地下的布光引导

较大范围的沼泽地缓冲了远处城市对大剧院建筑的亮度影响。除去路灯光外，基地的照度不过 1～2lx，建筑的外观材质为浅灰色铝板，反射率在 0.6 左右，通过试验，20lx 以下的投射照度足以将其造型显现出来。设计平均照度定在 10lx 左右，投光面部分的亮度在 5cd/m² 左右。未投光部分除了环境光的影响外，没有亮度，但暗处的建筑面与边缘也承担了体形与轮廓的塑造。完成后的检测确认了这个设定，同时视觉感受也证明了亮度设定的正确性。为了区分室内外的冷暖感觉差异，选择了色温4200K 的陶瓷金卤光源。

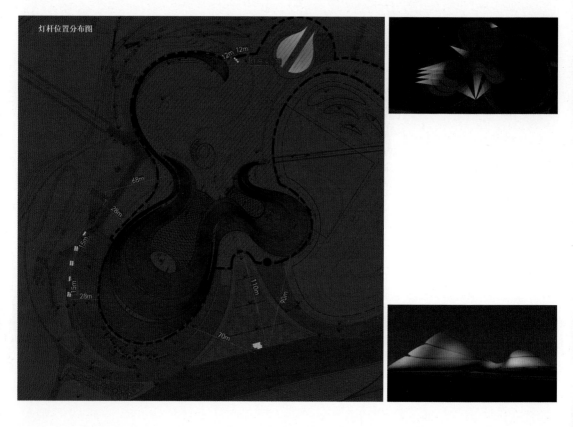

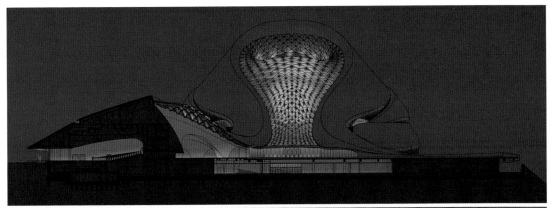

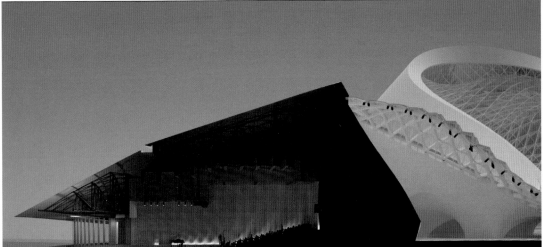

1 投光灯的实际布点位置
2 投光灯布光示意
3 外投光的逻辑，强调立体感，区分明暗关系
4 立面剖面布光示意
5 小剧场的剖面示意

建筑的立体感的体现靠光影的互衬，投光的面积有意识地控制在 60% 的建筑表面上，同时控制亮度在设定范围内，其余的留给了影子。局部天际线投光稍强，除了城市尺度的指引目的，也暗示出对外部开放的天庭空间的存在。实施过程中的调光涉及对亮度的现场判断，人眼对不同亮度的感受随时间有自适应的调节功能，有时会影响对实际亮度对比的判断，这时用相机等工具的屏幕显示反而能帮助客观判断相互的光比关系。

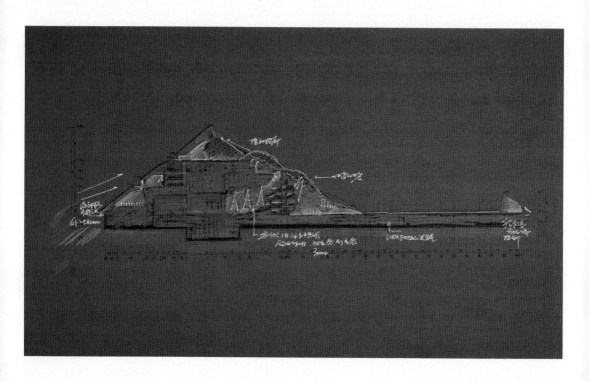

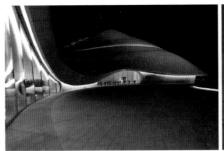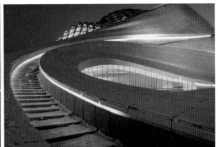

2 | 4 5
1 |
3 |

1 夜幕降临时，特殊造型的建筑在光下呈现出设计的特有逻辑
2 屋顶观景平台，界面之间光与影的映射
3 从入口开始的体形塑造与空间表达草图
4 流线的光
5 拾级而上至观景平台，光线做了向导，梳理了空间关系

流动的光

建筑环廊是建筑造型的细部，也是人流的动线部分。用光表达动线既是对建筑的细节刻画，又是对人流视线的导引。走在通道上，需要舒适的光环境与清晰的功能照明，远望需要表达环绕形体的光带。光带变宽处，是与室内呼应的位置，室内光也会透出来，这时表皮有了进深感。光带触至地面，与地面矮墙或扶手的光槽相连，拖至远方。主光带延伸至售票厅，终止端的售票厅室内光外溢像吹起一个明亮的光泡。流动的光是靠贴墙的灯槽间接照明实现的。灯槽的宽度、高度，放灯的位置，灯的单位功率、色温，都经过反复的样板试验，才达到流畅、自然、舒适的视觉效果。

底层外檐连续飘出形成檐下空间。间隔 1.2m 的下照射灯给地面约 150lx 的照度，形成光的通路。走在光路上，室内外光影在界面处映射互动，使空间更加诗意化。同时地面反射光和顶部的灯槽间接照明也烘托了檐下空间的亮度，似用光把建筑托起一样。大剧场的前厅有弓起的窗洞与室外相连，像眼睛一样，光带在此处与室内空间呼应渗透。小剧场的舞台室内外通透，给室内观众和室外游人同时观览的机会，这里空间是流动的，光促进了通透性。

室内的灯光外溢是建筑外观最自然的灯光状态表达，就像雪乡人家从积雪之间漏出的温暖的室内光，那么真实且有诗意。室外金属外皮、天空蓝、沼泽地的暗与室内的温暖是令人激动的光景观。大剧院前厅部分的天窗玻璃幕结构似水晶体，用内侧光强化该凸起的部分从外侧看晶莹璀璨。从亮度上讲，室内部分应该是亮度最高的。从室内高亮度向室外低亮度外溢是最自然的灯光表现，反之就会本末倒置，削弱建筑的空间感。

从中心（室内）到主体建筑、室外广场、景观湿地沼泽依次用光的表现状态为整体空间、局部表面，不均匀光斑光带，零星散点扩散式布光，由强至弱。就是说，光进入沼泽地逐渐弱化消失，体现对环境的尊重。建筑室内光环境需要正常标准要求的光，设计遵从了光的不同层级需求。栈桥的灯光特制了太阳能发光系统的点光，由于工期问题止于试验成功阶段。广场上的布光探讨过诸多方案，起初主要是以消灭灯杆为目的，假如你站在广场上对建筑摄影就会理解这一点。由于担心广场人流多时的照度能否满足，最后被选择了立杆的球形灯泡。广场上的星光点缀也因担心积雪覆盖而放弃。

设备的安装以不影响外饰面的完整为前提，灯位顺应了结构的逻辑，灯具选用方面考虑了防眩光的性能，在细节构造上也采取了防眩光措施。灯槽内的灯具安装位置保证在不同的角度不漏光源且均匀连续，这些细节直接与光环境的品质相关联，施工过程中进行了反复核查。

找到载体与空间的逻辑关系后，用简约的光表达也是对投资和节能的贡献，在此意义上照明设计就是环境设计，我们期待在不同季节里灯光和环境的紧密融合。

哈尔滨大剧院的照明设计得到了国际同行的认可，并获得了IES照明设计奖的卓越奖。在专业盛会露脸也是对未来工作的鼓励。

1
2

1 挑檐下照的灯光提供了建筑周边环绕步行道的基础照明
2 墙上的影子把结构逻辑的美展现出来了

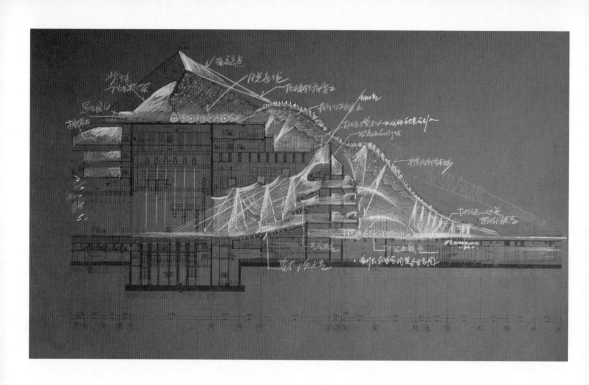

1 从外至内的布光逻辑。表现空间，表现结构，表现建筑，表现
  环境，相互关联草图
2 从建筑到景观，布光的层次是由密到疏，景观中的照明是相对
  随意的点状布置

**主要灯具产品
及应用信息**

建筑

1　售票厅外立面：金卤投光灯，35W，50°，4200K

2　大剧院外立面：金卤投光灯，70W，6°，4200K

3　地下一层贵宾入口：金卤投光灯，70W，16°，4200K

4　大剧院外立面投光：金卤投光灯，150W，6°，4200K

5　一层檐口灯槽：LED，20W，23°，3000K

6　观景廊道扶手灯槽：LED，14.4W，3000K

7　观景廊檐口灯槽：LED，9W，60°，3000K

8　观景廊道嵌壁灯：LED，6W，偏光，3000K

9　35m 平台地埋灯：LED，9W，120°，3000K

10　35m 平台灯槽：LED，20W，23°，3000K

11　地下一层旋转楼梯：斗胆灯，20W，23°，3000K

景观

1　活动广场周边：HIT 高杆投光灯，70W，40°，3000K

2　核心区广场及停车场：HIT 球型庭院灯，70W，3000K

3　南、北入口道路两侧：HIT 地墩型投光灯，70W，偏配光，3000K

4　核心区小路两侧：HIT 草坪灯，20W，3000K

5　湿地栈道扶手两侧：LED 太阳能发光点，0.1W，3000K

6　树木照明：HIT 投光灯，35W，3000K

7　景观坐凳：LED 线型灯带，14.4W/0.9m，3000K

8　演艺广场：LED 线型投光灯，15W/m，45°，3000K

9　湿地畔：LED 长芦苇灯，1W，120°，4000K

10　景观亭：LED 壁灯，7W，23°，3000K

11　活动广场：LED 小地埋灯，0.3W，120°，3000K

试灯研究

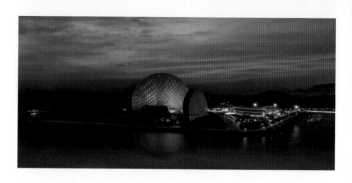

如何通过布光树立建筑的地标属性？
如何使通透的钢结构实现表皮的
完形？

- 在彰显建筑本身肌理的同时，又利用其独特的造型营造出一种与白天截然不同的视觉效果。
- 要避免显示内部复杂的建筑结构和室内空间，同时要兼顾平衡内部照明与外立面照明的亮度关系，避免相互干扰。
- 在建筑外立面，采用了泛光照明的手法塑造建筑形体，通过亮度设定和优化投射角度来凸显建筑的表皮造型。
- 除上述泛光照明系统外，同时设置投影演绎系统及音响系统，作为泛光照明的补充，同时定格有内容的画面。

1 灯光与霞光融为一体

设计思考

城市地标存在的意义毋庸置疑。正如悉尼歌剧院的白色风帆展现着城市的灵魂，珠海大剧院的特殊造型于珠海的城市景观而言，亦有着举足轻重的意义。照明的价值，则在于定位城市坐标，强化地标建筑物的夜间形象，增强城市的辨识度，汇聚市民与游客的足迹和目光。而俗称"日月贝"的珠海大剧院，其形象令人产生诸多联想：日月同辉，天狗食月，海上生明月，天涯有贝壳五彩斑斓——这皆是可以用灯光语言来表达与塑造的。

珠海大剧院由一大一小两组贝壳形的建筑构成，形象鲜明，立于海岛上，从沿海的绝大部分地方都能被观赏到。在白天，阳光穿透建筑立面进入贝壳内部，呈现半通透效果。在夜晚，我们的照明设计将贝壳转变为日与月，在彰显建筑本身肌理的同时，又利用其独特的造型营造出一种与白天截然不同的视觉效果。无论观者是绕着大剧院漫步，还是站在城市的远方眺望，他们将时而看到热烈火红的太阳，时而看到宁谧高洁的月亮，时而看到贝壳的斑斓，从而领略到宇宙之浩渺、天体之壮美、海洋之深邃以及时空变换的神奇之感。

由于建筑外表面和内侧采用穿孔铝板作为建材，其通透性为照明的实施带来了挑战。我们的设计既需要完整地呈现建筑造型，又要避免显示内部复杂的建筑结构和室内空间，同时要兼顾平衡内部照明与外立面照明的亮度关系，避免相互干扰。

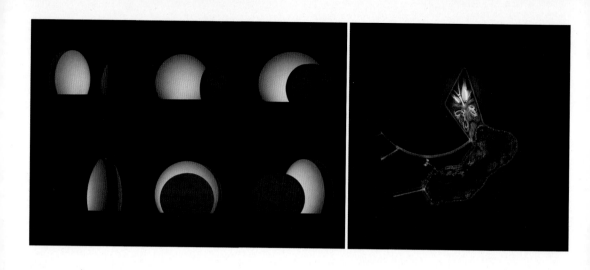

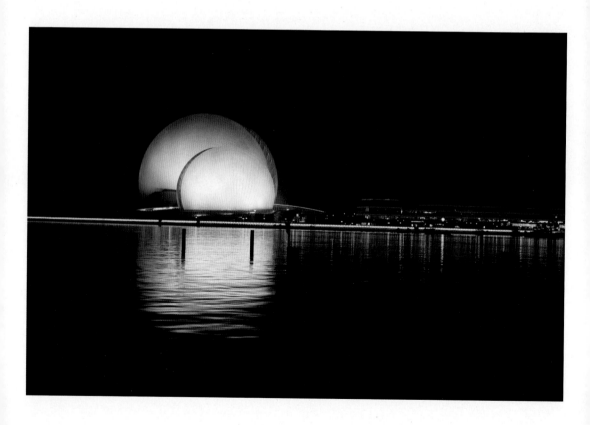

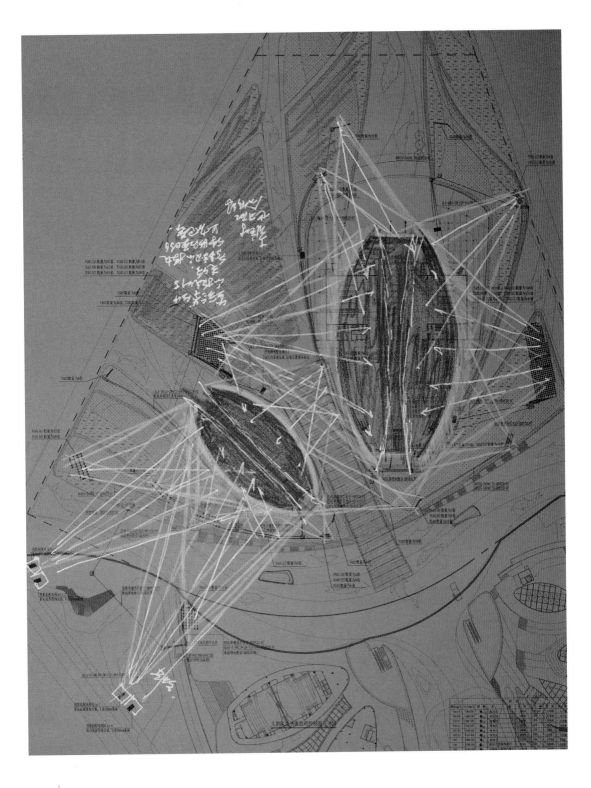

1 "日月贝"的夜景视觉形象构想
2 总图布光示意
3 明月入海的景象
4 平面布光及光路研究

1 2
3
4

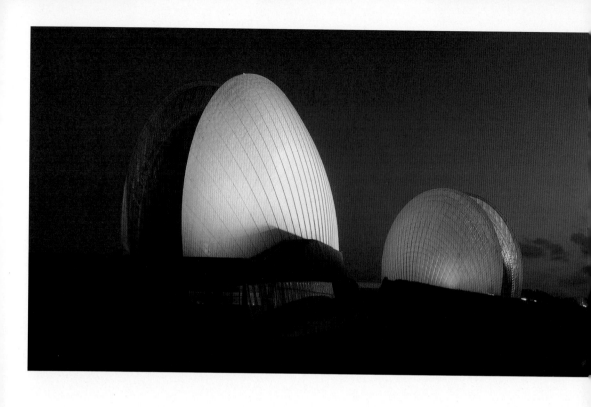

照明方式

为解决以上挑战，使剧院的夜景达到最和谐的效果，在建筑外立面，采用了泛光照明的手法塑造建筑形体，通过亮度设定和优化投射角度来凸显建筑的表皮造型，在贝壳的内立面则采用掠射加强细节及轮廓层次。寻找最佳布灯位置，以贝壳中部为中心，至边缘投光逐渐转向掠射，亮度逐渐降低，凸显建筑形态的丰满立体。5000K 的基础色温使剧院夜景皎洁白如月；为适应城市地标的节日气氛需要，增加了 RGB 染色灯具及舞台用图案灯系统。

由于大剧院所在地珠海常被台风侵袭，设计方案降低了灯具安装高度，选择安装在易维护的裙楼坡屋顶，从而保证照明设备的牢固性和可持续使用。灯组背面则通过种植绿篱的方式和环境融为一体，取得有机的和谐。

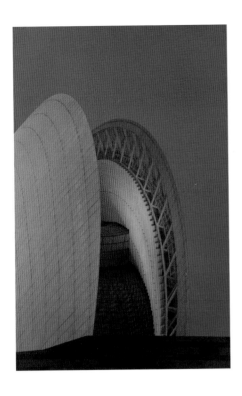

1 2
3

1 投光后的建筑表面肌理
2 灯光表达见于细节之中
3 细部光影的魅力

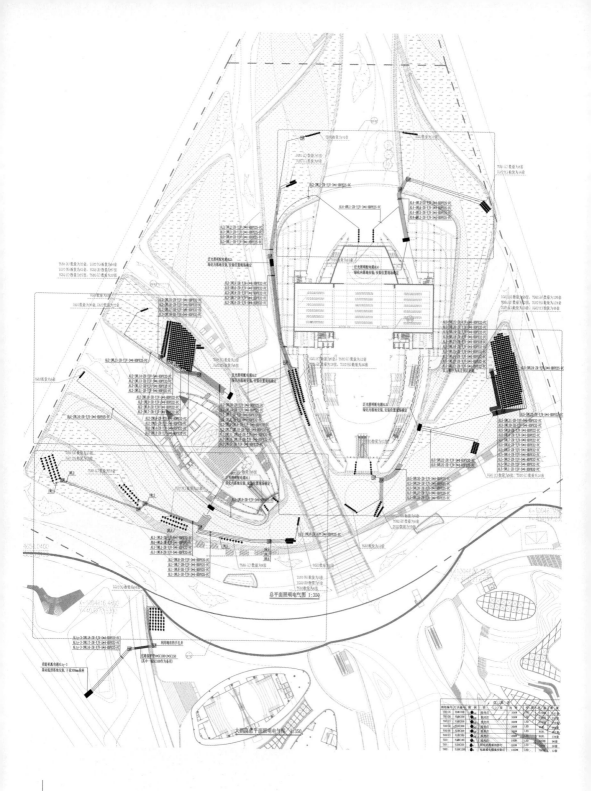

1 全域布灯系统
2 投光灯组排列示意图
3 投光灯节点图

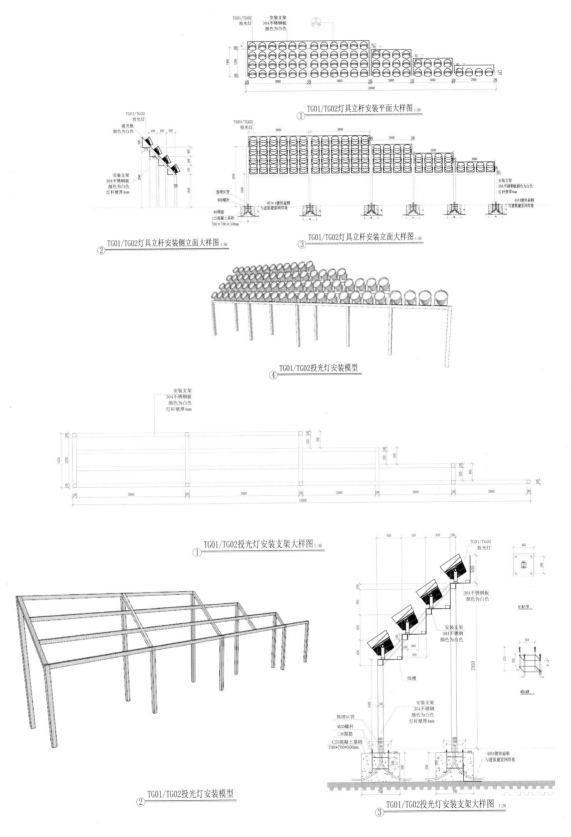

① TG01/TG02灯具立杆安装平面大样图 1:50

② TG01/TG02灯具立杆安装侧面大样图 1:50

③ TG01/TG02灯具立杆安装立面大样图 1:50

④ TG01/TG02投光灯安装模型

① TG01/TG02投光灯安装支架大样图 1:30

② TG01/TG02投光灯安装模型

③ TG01/TG02投光灯安装支架大样图 1:20

1 用灯光赋予色彩
2 不同角度的"日月贝"
3 借周边城市岸线作为背景的夜景形象
4 夜间珠海大剧院,岛上日出之意象

标高90米

标高55米

五叠加	五叠加	
四叠加	四叠加	四叠加
四叠加	四叠加	四叠加

标高19米

裙楼屋面标高6米

大剧院的提升内容除上述泛光照明系统外，还有投影演绎系统、音响系统。投影演绎系统作为泛光照明的补充，同时定格有内容的画面。方案采用了 27 台 31000lm 的激光投影仪，设于步道边缘，安装在恒温恒湿箱内，保护箱高约 6m，外观设计考虑了环境的协调性和耐久性，经历了多方案反复比较和试验、现场模拟。投影内容则需进行再创作且可即时更新的。我们初步设想能表达的内容有很多，例如：关于贝的联想，纹理图案；关于日月的联想，利用大小贝的相互遮挡演示月相轮回。如果脱离建筑本身思考的话，人文风景、城市建设成就、公益宣传、商业广告等内容皆可实现；如果在广场上设置捕捉系统，观者可以与画面内容互动。

1 | 3
2 |

1 立面投影光路测算
2 增加了投影图案的夜景形象
3 近观一轮红日升起

1 日月贝与倚栏的人群剪影

为了突出大剧院的主体形象，方案对周围环境也做了控制性概念规划，目的是使夜晚的整体环境照明融为一体和丰富夜游的内容。大剧院前广场是市民及游客聚集的地方，海边的情侣路是散步及欣赏大剧院的岸线。大剧院经过灯光景观提升后吸引了不少观光者，每日定时的影像演绎节目更是吸引了如潮的人流。

**主要灯具产品
及应用信息**

1　投光灯
　雅江 FLOCC300，300W，10°，RGBL，DMX 控制
　雅江 FLODC300，300W，15°，RGBL，DMX 控制
　雅江 FLOEC300，300W，25°，RGBL，DMX 控制
　雅江 FLMBC100，100W，6°，5700K，DMX 控制
　雅江 FLMCC300，300W，10°，5700K，DMX 控制
　雅江 FLMDC300，300W，15°，5700K，DMX 控制
　雅江 FLMEC300，300W，25°，5700K，DMX 控制

2　图案投影灯
　雅江 YLOOC350，350W，8°～40°变焦，7000K，DMX 控制
　摇头图案投影灯：YLOOC1200，1200W，7°～50°，变焦，7000K，DMX 控制，彩熔
　激光投影机：32000lm，分辨率 1920×1200，画面宽高比 16：10，Barco
　投影机防护箱：恒温恒湿智能防护箱

试灯研究

如何让地标性体育建筑为区域增加夜间活力？

- 建筑立面利用投光照明方式，对建筑进行亮度提升，强调建筑整体的体量感与表体亮度。
- 依据建筑原有的造型构造逻辑节点安装可能性做照明提升方案，结合所在区域环境特征确定照明策略，用灯光夜景促进区域活力提升。
- 为了增加演绎互动的可能性，体育场部分，立面玻璃幕墙内，3W 的像素点均匀分布于建筑内立面，形成有效像素，配合整个场馆演绎生成信息内容。体育馆部分，利用原有建筑结构，在场馆顶部安装线条灯，背发光方式，既可隐藏光源，避免直射产生的眩光，又可形成动画的联动效果。
- 游泳馆部分，背发光方式，安装线型灯，柔化出光效果。

1 平日里是节能模式的运转，只留下方便使用的灯光，只关注行走的安全

设计思考

2017 年 9 月，第十三届全国运动会在天津市举行。全运会是国内规模最大、水平最高、影响力最为广泛的综合性运动会，也是天津市首次承办国内如此规模的综合性体育赛事。

天津奥林匹克中心位于市区西南部，东临卫津南路，西临水上西路，南临凌水道，北临宾水西道，是天津市的地标性建筑，既可满足国际足球和田径比赛要求，也是集群众休闲、娱乐、健身、购物为一体的综合性体育场。

天津奥林匹克中心的原有夜景照明效果已无法满足要求，且大部分灯具已老化，无法正常使用，安全性与美观性均不能满足大型赛事所需。为有效解决上述问题，成功举办第十三届全运会，天津市体育局决定对天津奥林匹克中心场馆及景观照明进行提升。照明设计针对体育场、体育馆、游泳馆、景观的外立面及周边景观进行重新定位与设计。

夜景照明提升方案，主体上分为四部分：体育场、体育馆、游泳馆及景观。体育场是一座不规则的椭圆形建筑，状如水滴，用金属和玻璃为主要材料构成的明亮夺目的银色"外衣"线条流畅，使这个场馆有着水滴一般的晶莹感。此次方案以水滴体育场为核心，向四周辐射为布光流线，周边水池中形成发散的光感喷泉。水具有"汇集、融合"的特征，同时象征着天津的母亲河——海河，具有鲜明的地域风格，寓意天津盛世同心、开放包容的内涵。

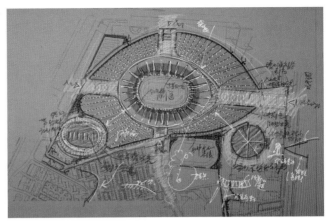

1 天津奥林匹克中心三馆灯光联动，满足重大赛事活动的需求，同时为城市夜间活力贡 献区域性聚焦点

2 三馆及景观、场地、水域的平面布光图。光的展现、光的引导、光的信息表达综合于一体

3 航拍摄影作品

照明方式

体育场部分，立面玻璃幕墙内，3W 的像素点均匀分布于建筑内立面，形成有效像素，配合整个场馆变换动画与整体颜色。外部利用大功率的立杆投光灯，投射于场馆的铝板幕墙部分，照亮整个场馆的立面提升亮度。顶部在铝板和玻璃衔接处，用线条灯背发光投射，映射整个顶部的造型变化。内侧边缘用大功率的点光源点缀整个场馆的顶部。

1 体育场照明提升组合了几个层次的光，表现体量的光，表现造型韵律的光，配合赛事活动演绎的光，周边环境氛围的光，几种光融为一体

2 藏于建筑内侧的像素点在控制系统驱动下可表现具体内容，在静态时也可以调节出柔和的表皮，与环境相融

3 第五立面是赛事转播时重要的关注点，灯光内外呼应，开闭幕式互相借用，实现盛大场景

1 2
   3

123

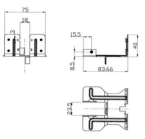

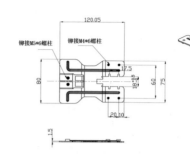

铆接M5*6螺柱
铆接M4*6螺柱

技术要求
1.表面处理：无表面处理。
2.外观要求：要求表面干净，无油污，无变形；
3.包装要求：常规包装；

12

1 安装件设计
2 为安装灯具专门开发的卡件

体育馆部分，利用原有建筑结构，在场馆顶部安装线条灯，背发光方式，既可隐藏光源，避免直射产生的眩光，又可形成动画的联动效果。根据建筑顶部分割造型，安装设置线型灯，进一步突出建筑的结构美感。

游泳馆部分，立面设计理念同体育馆，背发光方式，安装线型灯。顶部造型特殊进行点缀型设计，采用线型灯与点光源结合的手法，突出建筑顶部的设计特点。建筑立面利用大功率的投光灯，对建筑进行亮度提升，强调建筑整体的体量感与表体亮度。

景观部分，在体育场四周水池中，安装辐射状水下灯，配合水体喷泉联动，连接体育场四周建筑与景观。绿植部分，采用照树灯对重点树木进行夜景点缀型照明。

主要灯具产品
及应用信息

体育场

1　玻璃幕墙内部: LED 像素点, 3W, 150°, RGBW

2　玻璃幕墙内钢结构根部: LED 染色投光灯, 150W, 15°×40°, RGBW

3　屋顶檐口: LED 大功率点光源, 72W, 120°, 6500K

4　金属屋面雨水导流槽: LED 线型投光灯, 36W/m, 25°×85°, RGBW

5　金属外立面投光: LED 染色投光灯, 580W, 15°×30°, RGBW

体育馆

1　檐口背发光: LED 柔性灯带, 15W/m, 150°, RGBW

2　金属屋面根部投光: LED 线型投光灯, 60W/m, 10°×60°, RGBW

3　金属屋面侧洗光: LED 线型投光灯, 24W/m, 10°×60°, RGBW

游泳馆

1　立面背发光: LED 柔性灯带, 15W/m, 150°, RGBW

2　屋顶檐口: LED 大功率点光源, 10W, 120°, RGBW

3　外立面投光: LED 染色投光灯, 280W, 30°×60°, RGBW

景观

1　绿植: LED 照树灯, 36W, 20°, 4000K

2　水系喷泉: LED 喷泉灯, 36W, 20°, RGBW

试灯研究

如何在公共建筑内有机地植入光像素表达建筑及公共信息？

- 照明规划设计是以区域整体作为出发点的，做方案时也吸取了上位设计的核心精神。
- 从郑州全域出发，定位郑州老区、郑东新区、郑西中央文化区各所属区域的所具有的光环境特色。
- 照明手法以内透光表现空间深度，索拉点阵像素成像；外部投光塑形，建筑细节刻画，地埋线条装饰灯增加广场氛围，屋顶装饰星光点满足第五立面视觉要求。
- 特殊节日的照明色彩及内容场景可以预设。

1 三馆联动协调，灯光助力环境，诠释建筑

设计思考

郑州奥林匹克体育中心属于郑州中央文化区（CCD）"四个中心"项目（郑州奥体中心、郑州文博艺术中心、郑州市民活动中心和郑州现代传媒中心）其中之一，2016年11月开工建设，2019年6月底全面完工。2019年9月8日晚，在郑州奥林匹克体育中心举行中华人民共和国第十一届少数民族传统体育运动会开幕式，夜景灯光在比赛期间协同开闭幕式发挥了重要作用。

郑州奥林匹克体育中心总建筑面积为58.4万 m²，地上11层，主体育场可容纳6万人，除主体育场外，还包含一个大型甲级体育馆和一个甲级游泳馆，体育馆可容纳1.6万名观众，游泳馆可容纳3000名观众。郑州奥林匹克体育中心建筑外侧屋面采用金属屋面、阳光板封闭，从外看主体育场和其他两个场馆像是闪耀的巨型金属体。

郑州奥林匹克体育中心的整体建筑设计理念取"天地之中、黄河天水"之意，采用"品"字形格局，以东西向为主轴，形成南北对称的布局，体育场、体育馆、游泳馆像黄河中的三座石岛，而周围的环境就像黄河水一般盘旋。"天地之中"即体育场、体育馆与游泳馆造型方圆中正，暗喻天圆地方之意，同时与商都古城外圆内方的格局相呼应，体现郑州深厚的历史文化底蕴，照明设计构思方案时也吸取了上位设计的核心精神。

照明规划设计是以"四个中心"整体作为出发点的，同时从郑州全域出发，定位郑州老区、郑东新区、郑西中央文化区各所属区域的所具有的光环境特色。

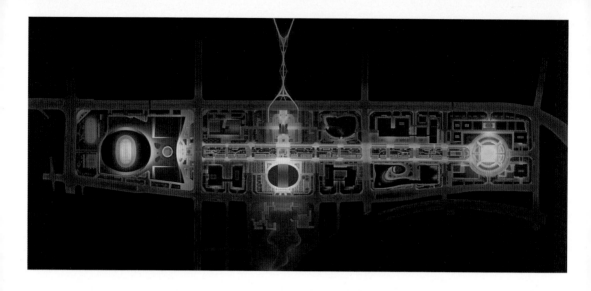

1 四个中心片区整体光色规划意象规划
2 节日或赛事时灯光跃动，广场、建筑立面、屋顶，浑然一体，在夜空中成为城市西部的闪光点
3 鸟瞰奥体中心综合体，以体育场屋顶内环为中心，三馆互动协调，上下广场灯光如繁星璀璨，热烈祥和
4 照明方式细节研究草图
5 功能灯光，装饰灯光，融为一体
6 增加像素要素，表达光的动态和信息内容，满足平日及节日需求
7 内部的色彩变化也是柔和的
8 内透光对结构逻辑的优美表现

1	
2	5 6
3 4	7 8

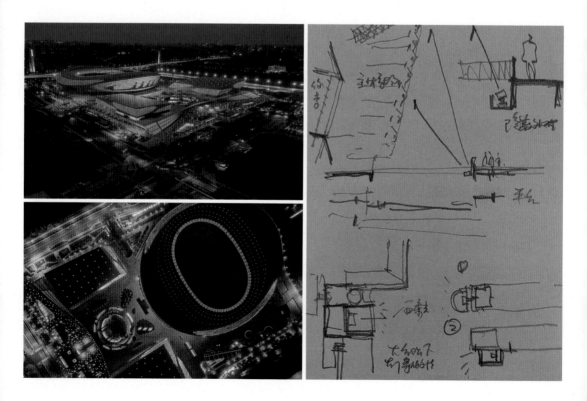

照明方式

郑州奥林匹克体育中心，夜间照明由基础建筑投光和演绎灯光两部分所构成。基础建筑投光着重表达奥体中心的形体树立，演绎灯光是向公众传递信息的窗口，结合本土体育元素演绎中原精神内涵，有赛事和活动期间内外内容可以呼应，也可进行商业性内容播放运营。

在亮度上郑州奥林匹克体育中心是区域内相对高亮度的位置，建筑总体亮度控制在 $25cd/m^2$ 以下，突出中部，两翼配合协调。内透像素点光源亮度适当调暗，与建筑照明相协调，成为整体。点光源安装在横条窗内侧，间距 200mm×200mm，钢索上下拉紧固定，保证了建筑外观的完整性。点光源尺寸为 20mm×20mm，从聚碳酸酯板有机玻璃外近看隐约可见。横条窗的内透强化了力量和速度感，并联动三馆。高台前的百叶及台阶用线段表达高度差和速度意象，同时可与三馆演绎联动，灯具采用两个不同方式的节点，安装于正面，出光面柔化，安装节点考虑了维护性。

1 用灯光刻画细节，显示运动和力量
2 内透光柔和，建筑成为发光体
3 内部灯光使建筑的肌理感更强
4 像素点光源安装方式
5 大台阶百叶节点
6 大台阶灯具安装节点

1		
2 3	5	
4	6	

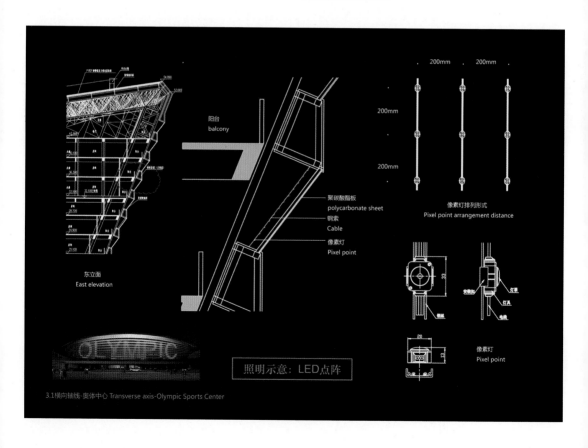

阳台
balcony

聚碳酸酯板
polycarbonate sheet
钢索
Cable
像素灯
Pixel point

东立面
East elevation

照明示意：LED点阵

3.1横向轴线·奥体中心 Transverse axis-Olympic Sports Center

200mm   200mm

200mm

200mm

像素灯排列形式
Pixel point arrangement distance

像素灯
Pixel point

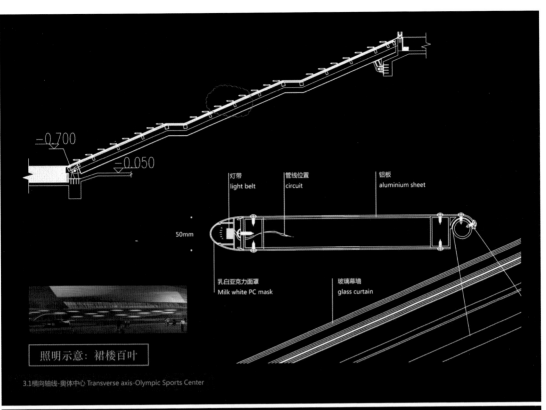

−0.700

−0.050

灯带
light belt

管线位置
circuit

铝板
aluminium sheet

50mm

乳白亚克力面罩
Milk white PC mask

玻璃幕墙
glass curtain

照明示意：裙楼百叶

3.1横向轴线-奥体中心 Transverse axis-Olympic Sports Center

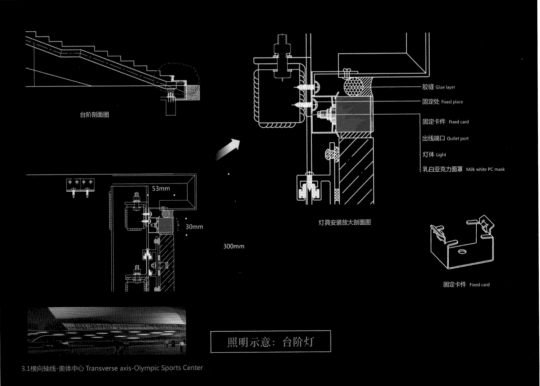

台阶剖面图

53mm

30mm

300mm

胶缝 Glue layer

固定处 Fixed place

固定卡件 Fixed card

出线端口 Outlet port

灯体 Light

乳白亚克力面罩 Milk white PC mask

灯具安放放大剖面图

固定卡件 Fixed card

照明示意：台阶灯

3.1横向轴线-奥体中心 Transverse axis-Olympic Sports Center

1 │ 2
  │ 3

1 用投光塑造建筑体基本形态
2 投光灯布置方式
3 投光灯布置方式与防眩

对建筑体形的投光是局部的，突出造型性格，彰显砾石般的转角。投光灯隐藏于平台内侧栏板外，截光角经计算为避免眩光影响，同时隐蔽了灯具。主体育场内环整体洗亮，用线条投光灯洗亮雾面阳光板，场景变化由程序控制。两翼两馆屋顶布置点光源，沿装饰分割线定位，在天际线上有克制地营造氛围。环境景观重点完善了照明的广场道路功能要求和地面装饰光氛围需求，照亮景观树木、水景、标识、雕塑等，从天空鸟瞰，如繁星般闪烁。

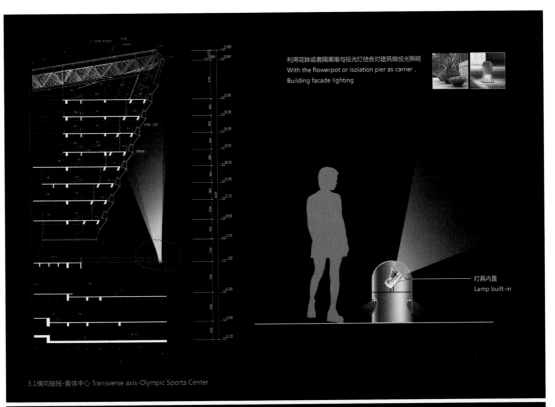

利用花钵或者隔离墩与投光灯结合对建筑做投光照明
With the flowerpot or isolation pier as carrier ,
Building facade lighting

灯具内置
Lamp built-in

3.1横向轴线-奥体中心 Transverse axis-Olympic Sports Center

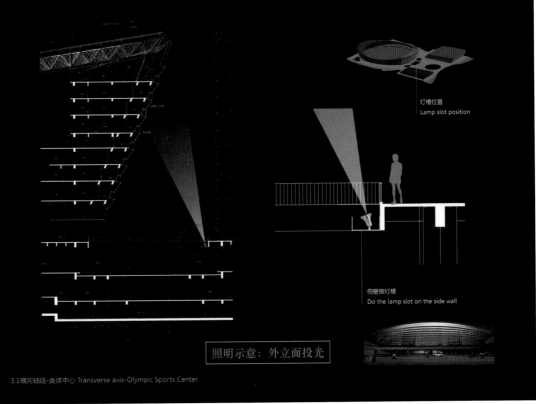

灯槽位置
Lamp slot position

侧壁做灯槽
Do the lamp slot on the side wall

照明示意：外立面投光

3.1横向轴线-奥体中心 Transverse axis-Olympic Sports Center

1

2

3

1 增加像素要素，表达光的动态和信息内容

2 沿条形窗布置的灯光像建筑立面上的划痕，强化了细部特征与力量感

3 建筑依灯光在环境中矗立

主要灯具产品 及应用信息

主体育场

1 东立面
LED 点光源：2W，≥ 115°，RGBA

2 建筑顶部
LED 点光源：15W，≥ 150°，RGBA
LED 线条灯：24W/m×2+10W/m，角度两侧 10×60°，正面自发光 110°，RGBA

3 西立面及南北立面
LED 线型洗墙灯：24W/m，10×60°，RGBA

4 外立面泛光
LED 投光灯：300W，4°～8°/10°～15°/20°～25°，G/LRAW（5700K）

体育馆

1 建筑顶部
LED 点光源：24W，≥ 150°，RGBA

2 西立面
LED 线型洗墙灯：24W/m，10×60°，RGBA

3 东面台阶
LED 柔性灯带：12W/m，≥ 110°，RGBA

4 外立面泛光
LED 投光灯：300W，10°～15°/20°～25°，G/LRAW（5700K）

游泳馆

1 建筑顶部
LED 点光源：24W，≥ 150°，RGBA

2 西立面
LED 线型洗墙灯：24W/m，10×60°，RGBA

3 东面台阶
LED 柔性灯带：12W/m，≥ 110°，RGBA

4 外立面泛光
LED 投光灯：300W，10°～15°/20°～25°，G/LRAW（5700K）

景观

1 东广场
LED 特色灯柱：80W，自发光，色温 A

2 户外广场
LED 庭院灯：40W，30°～40°，4000K

3 园林
LED 草坪灯：10W，AW（5700K）+4000K
LED 投光灯：36W，25°～30°，3000K

4 7m 平台女儿墙
LED 嵌壁灯：2W，≥ 90°，3000K

5 7m 平台
LED 高杆灯：80W，30°～40°，3000K

6 广场地面
LED 地埋灯：0.5W，≥ 90°，3000K

7 树池及台阶
LED 柔性灯带：4W/m，≥ 110°，3000K

试灯研究

光随东亮，离暗启相。

钱方（著名建筑师，全国工程勘察设计大师）

基于建筑学的背景，其布光的设计理念、设计手法来自对建筑空间的深刻领悟和理解。在诸多照明设计作品中，光与空间，二者各美其美，却又相得益彰，极大地提升了城市、建筑、景观等建成环境的整体品质。

黄居正（著名学者，《建筑学报》执行主编）

夜晚的老西门比白天美，
灯光将都市与市井离析。
北京所在的世界平行着的价值与意义，
空降在四线城市的陌生里，
建立，
拽紧，
同时被一再背离。

要有光，
不一定照得灯火通明，
要有梦，
让梦想照进现实的光亮不只是亮着而是启明。

何勍（著名建筑师，三联人文奖获得者）

商业街的光是为消费活动服务的，同时人的商业行为（逛街）本身亦是一种生活。因此，满足基本活动需求、商业氛围的营造、商业空间的展示、整体商业档次品位格调的提升，光都在其中起到举足轻重的作用。

街道的感受依赖于围合成街道的三个界面，即两侧的建筑物和路面。行道树、城市家具、公用设施，如电话亭、公交车站、地铁站出入口以及广告牌等都是灯光设计的重要载体。在夜里，灯光是街道延伸的纽带，又是细部空间展示的手段。市中心的街道是复杂、多业态的，光的介入应该丰富空间层次及内容，避免过于单调的手法损伤街道的内涵，这是街道景观照明规划设计的要点。

都市在商业化，商业在广告化，广告在碎片化，灯光也在信息化。找回都市夜间广告与生活环境的平衡点，规划我们的生活细部，城市的夜晚才更具魅力，夜晚的景观是综合杂多的，而不是武断地划一。

3

商业街区

更新功能杂多的商业街照明，
要如何布光？

- 在脑海里首先想象使用者在哪里，逛街需要用光铺出的路。
- 每组建筑有自己的特点，布光遵守建筑的逻辑。
- 聚焦人视线的光，是有预谋的光。远光可眺，脚下的光是人文关怀。
- 太装饰的设计往往是不自然的，光太亮的地方往往是不近人的。人坐的地方，光要避开，人要能够坐下来。
- 需要的光产生想要的景观，是智慧的，需要的光诱发更有生机的生活，应当作为更高的责任和追求目标。
- 要用光来照应空间关系与节奏，同时照应细节趣味，当然还要关注人的使用。
- 引入灯光互动艺术装置。
- 阳台上一盏经过设计的壁灯是有意义的、有价值的。这盏灯也就 5W，这个设计动作内容很简单，灯光却成为街区的一部分。
- 让走廊变成生活的不定空间，晚上亮起来，对城市生活观感就是贡献，是有安心感的夜景。

1 店铺的光由里至外，街道的光由灯杆上的多头灯向下照亮，强弱由灯的数量调节，檐下灯随建筑凹凸点缀，满足整体光环境的诉求

街道，建筑，环境，装置，灯光的价值体现在每一个环节，充实于真实的生活场景与需求里

设计思考

湖南常德有个叫老西门的地方，是本地的老街区。所谓老西门就是过去城墙西门边上的生活区。城墙早已废了，留下了部分断壁和建于上方的常德保卫战使用过的碉堡。老西门项目就是一个城市更新项目，因此有回迁的社区、迁建的窨子屋、迂回的商业街、修复的护城河及部分城墙，河边建了新式的酒楼、创客的工坊、钵子菜博物馆、丝弦剧院，以及其他诸多设施，连接它们的是通廊、跨河廊桥、石板步道等。房子是逐渐盖起来的，紧跟着是景观设计实施，还有我们负责跟随的灯光设计与实施监理。丝弦剧院门口有个标识曰"光开始的地方"，布光的路径也随着建设开始了。

一条功能杂多的更新商业街在哪里布光？光洒向哪里？我们在脑海里首先想象使用者在哪里，逛街需要用光铺出的路。显然，光应该照在地面上。灯设在屋檐下，照亮了店铺立面与步行道的界面。步行街有树木植物、喷水、雕塑，用多头的投射灯杆满足这些多样的需求最便捷。廊下有光，方便客人进店，道上有灯，照亮脚下的路，还有赏心悦目的景。水路也是被掠光照亮的，小船在下面游。行人在廊下、天桥上，在整条街上，这是这样的布光路径与逻辑。

每组建筑有自己的特点，布光遵守建筑的逻辑。街道有街道的光密度要求，底层的光密度是最大的、连续的、接近均匀的。二层略放松，三层更稀疏，屋顶似空中楼阁，几棵树给了光如仙居一般。天空是蓝的，地面是暖的，天地间的纽带是色温与明暗。水、光、绿树、行人、建筑和街能够在夜晚融为一体，是光在渲染。

聚焦人视线的光，是有预谋的光。远光可眺，脚下的光是人文关怀。近人尺度要亮，近天的尺度要暗。地面的光与人对话，有光有生活，有光有商业。有逻辑的光串联建筑，有关联的建筑组成街区，有逻辑的街区吻合土地，现在看老西门商业街已经是生长在那里似的。

布光的目的是引导使用者。黑暗像一堵墙，但用光可以开辟道路。所有光在桥梁、走廊、步道、建筑里穿梭着，在空间中徘徊着。

功能灯光产生的装饰效果和装饰灯光产生的装饰效果是完全不一样的。太装饰的设计往往是不自然的，太光亮的地方往往是不近人的。人坐的地方，光要避开，人要能够坐下来。

商业街的光虽然大部分是单色温的，但是仔细看仍很丰富。因为商业内容很丰富，这就是街区的布光路径。

老西门的建筑环境和灯光分别获得国际国内业界大奖，受到专业领域及民众的喜爱。灯光是增值的，但灯光的投资是在克制下精简过的。业主给建筑师很大的宽容度，建筑师给照明设计师以很大的自由度。现场边调灯边，感受场景，边更改方案，同时对照明方式、灯具安装、细节做修正，此时建筑也修正着。我与建筑师开玩笑说，这房子盖着盖着就旧了，街道也像个老街道，房子像是些老房子，就好像我们在做传统街区的改造。

1 功能需求的光和环境表达的光互相借力，达到舒适美观与安全的融合
2 脚下的光形成通路指引，登台阶，过飞桥，串联建筑空间
3 在大屋顶覆盖下的步行商业街光由里至外，充满街道
4 水岸两侧水草丛生，光束对照，河岸生动活泼，两岸互生照应
5 醉月楼如湖中岛，泛光照亮岸际，水面生成倒影，场景丰富自然

1 2 | 3 4
5

1 工作室的光，阳台的光，植物的光，屋顶构建的光，光让建筑有了体积感
2 丝弦剧院定名为"光开始的地方"
3 小院里的布光集中在商街立面和特色石墙，休息处反而少用光

1
2
3

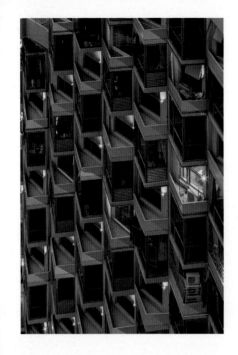

1 在阳台休闲，阳台灯提供照度，照亮生活者，也把
  生活展现给城市
2 调整灯具的配光，增加向上的光量，阳台的顶也亮
  了。这时，居住的阳台就成了城市的一分子，成为
  城市夜景建设的参与者

照明方式

建筑是不断更新建设的街区的一部分。建筑一、二、三层为商业，四、五、六层为停车楼，
七至十七层为住宅，住宅立面散落着错落有致的阳台。阳台是生活者的象征，开灯、
关灯，生活者的信息动态在窗门的内外显现。所谓万家灯火，所谓灯火阑珊，所谓
张灯结彩。在现代生活中，阳台的意义很大，它是通向外界的窗口，阳台就是住户
与街道之间的半开放客厅。生活需要仪式感，就像梳洗打扮一样。我们在阳台上安
装一盏灯，阳台上本来需要一盏灯满足照明功能需求。这盏灯的配光稍微改了一下，
直面的眩光抑制了一些，向上的投光量偏重了一些。于是，产生了两个效果，阳台
亮了，满足使用，顶面亮了，给街道贡献了灯光景观。停车楼灯光的弱化，拉开了
商业行为与生活者的距离。在不同角度，不同高度，这景观是不一样的。有了这重光，
这座楼也有了仪式感，于是灯光在不知不觉中渗透到了生活的行为中，增加了生活
的意义。我们觉得阳台的一盏经过设计的壁灯是有意义的、有价值的，这盏灯也就
5W，这个设计动作内容很简单，简单就是美。

1 关注生活者的光从地面到高层，居住者的交流活动也有意识地用光引入空中平台和
　走廊
2 商业、公寓、回迁楼的布灯关系
3 由平地到高层生活的样态发生了变化，像地面一样的交往空间没有了。把走廊做宽
　一点，形成空中走廊交往空间，夜间给走廊以灯光，家务及交往就会延伸至廊中

回迁楼的生活友好通廊

回迁的高层楼把在地住民由地面搬到了楼上，高度有了，院子没了，邻居多了，邻
居不认识了。原来在同一地坪上，现在在不同楼层里，其实生活的人们是需要交集
的公共使用空间的，空间能否使用也是需要暗示的。回迁楼有宽敞的外走廊，数层
设一个公共花园平台。白天，你会发现住户的老年人喜欢在宽走廊上干家务、择菜
等，出来几家，就成了一个群体，对话就产生了，时间就在不知不觉中愉快地度过了。
这个地方，我们觉得晚上也应该亮亮堂堂，晚上出来也是交流的地方，不止看成走廊，
当扩展成半公共空间性质，住户就不止局限在自己的居住空间内。从城市街道看住
宅，能看到生活者，就有生机，看到生活用途的空间是亮的，就有人气。走廊变成
生活的不定空间，晚上亮起来，对城市生活观感就是贡献，是有安心感的夜景。我
们反对把夜间的建筑勾起轮廓，因为那样的做法只是装饰，与生活太间接，不真实，
因此不太美。需要的光产生想要的景观，是智慧的，需要的光诱发更有生机的生活，
应当作为更高的责任和追求目标。

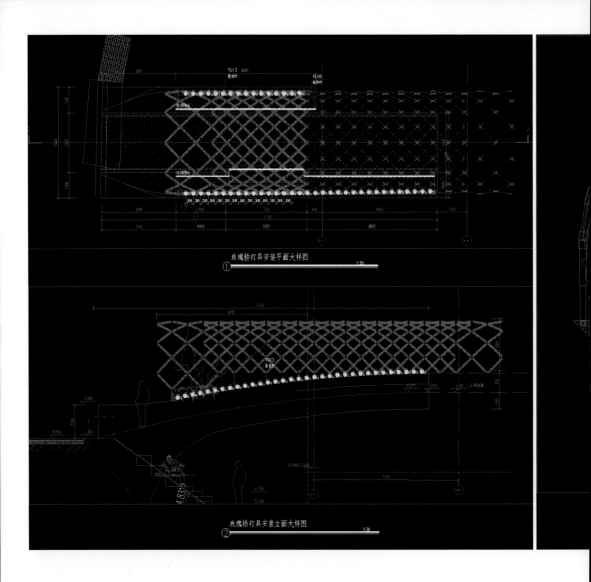

玫瑰桥灯具安装平面大样图
① 1:50

玫瑰桥灯具安装立面大样图
② 1:50

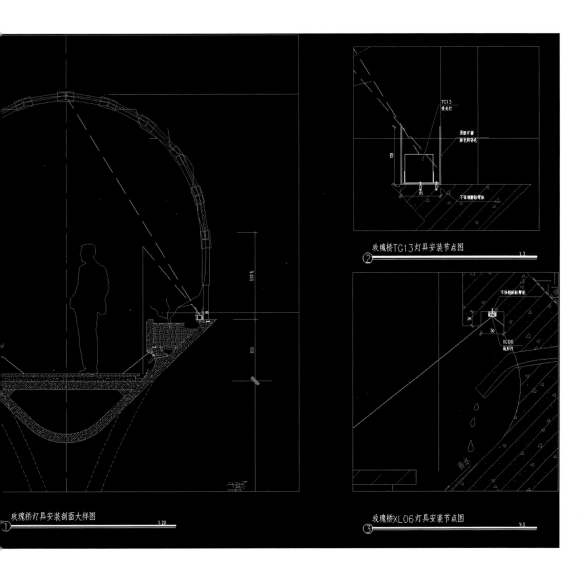

玫瑰桥TG13灯具安装节点图

② —— 1:3

玫瑰桥XL06灯具安装节点图

③ —— 1:3

玫瑰桥灯具安装剖面大样图

① —— 1:20

1 2
————
3

1 玫瑰桥的布灯图纸
2 玫瑰桥的木拱结构与布灯方式
3 通路的光是透过木结构射到地面的，拱形结构的影子也落到地面上

1 商业街入口之一处设计了可以互动的灯光装置，将灯光的科技
  性、趣味性融入商业活动
2 利用垂索的构造原理
3 过程草图探讨体形与构造关系
4 过程草图探讨与空间的关系
5 场景及互动设置的时间轴
6 互动装置用声音检测系统触发，根据人的音量不同引发装置的
  像素显示不同状态和表情
7 互动喇叭设计高低两种方便成年人和小孩

火星刺蛾装置

常德老西门是一个旧城更新项目，是有识者对城市街区更新方式勇敢的定义。项目
一期完成开业后，为凸显商业氛围，我提议在门洞做个装置，于是就有了这个庞大
的毛毛虫刺蛾。长 18m，宽 3m，高 3m，吊在门洞里。金属骨架，垂锁链成自然形，
用金属丝交叉编织定型，外表皮安装金属灯网罩，内藏光源，接入控制系统，吊装
上去，一个装置就完成了。当初是想用竹编巨型毛刺，找到了几个民间手艺人试做
了一下，一天只能做三到五个，手艺人没那么多，一万多个竹毛刺得编到何时，只
好改金属网机械压制焊接，如此也做了三个星期。我希望火星来的刺蛾能与人对话，
接入人体捕捉系统、声控喊话系统。互动声音越强烈，刺蛾的表情越丰富，从蛹化蝶，
巨型的憨态的金属毛毛虫拟人化了。调试期间由北京控制室发出指令，现场检验，
俨然是高科技的做派，来访者狐疑地看着这个新鲜事物，看着操控的工程师们。

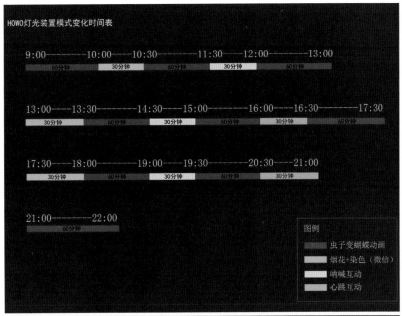

HOWO灯光装置模式变化时间表

9:00————10:00———10:30———11:30——12:00————13:00
60分钟　　30分钟　　60分钟　　30分钟　　60分钟

13:00———13:30————14:30——15:00————16:00——16:30——17:30
30分钟　　60分钟　　30分钟　　60分钟　　30分钟　　60分钟

17:30———18:00————19:00——19:30————20:30——21:00
30分钟　　60分钟　　30分钟　　60分钟　　30分钟

21:00————22:00
60分钟

图例

　虫子变蝴蝶动画
　烟花+染色（微信）
　呐喊互动
　心跳互动

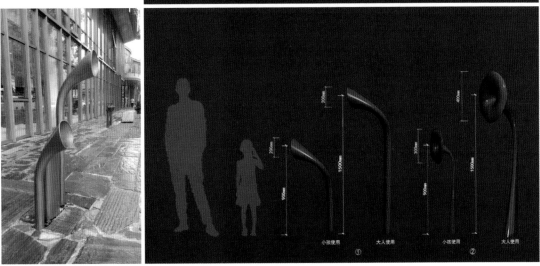

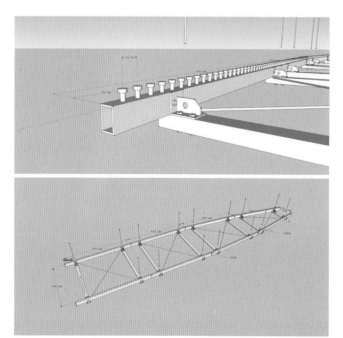

12 5
3   6
4

1 刺蛾在不同时刻的表情
2 有刺蛾的通道
3 垂索挂扣钉方便迅速安装
4 装置的吊装构架使用船形结构与垂索
5 刺蛾表皮
6 互动场景的设置，人会聚，光像素也汇聚

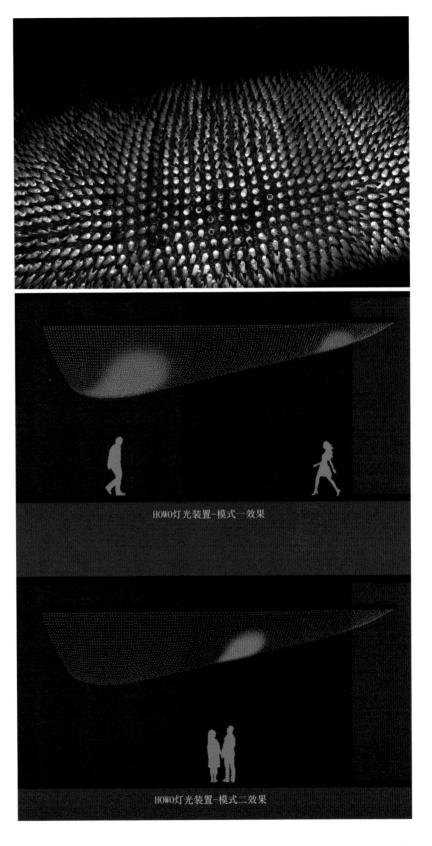

HOWO灯光装置-模式一效果

HOWO灯光装置-模式二效果

窨子屋的室内

窨子屋是老西门首先建成的项目，建筑师将传统与现代碰撞于一体的一栋具有探索性的建筑。室内空间中也是将传统的手法与现代的手法直接并列在一起，并通过空间的穿插使得相互之间融合化解，与通常所见的折中做法或符号化做法不同。从公共大厅、展览厅、会议厅、茶室、酒吧、餐厅、客房甚至到走道都是两种风格的穿插。内部空间是院落式的，延续了作为窨子屋所具有的类型特征。建筑建造的初始是个小型艺术馆，随后扩展为具有接待功能的极小型酒店（六间客房），引进欧洲的品牌酒店管理者经营，使这个小建筑的混搭意味更加浓了。推开一整扇大门，进入室内，大厅有阳光从屋顶天窗射入室内。一侧，狭长庭院内一株大树从下沉庭院内生长上去，在墙壁上洒落树影，使这个大厅具有了室外院落中庭的感受。廊道在空间中穿插，连接着功能空间。表象虽是混搭的，但手法浓缩，疏放有致。在这样的空间特质中用光，基本是克制的态度。要用光来照应空间关系与节奏，同时照应细节趣味，当然还要关注人的使用。布光需要在有光与无光间徘徊，强光与弱光间调节。把光置于前方，从转角处亮出来暗示空间的延伸，把光藏在背后表明空间中的空间，把光聚焦于节点显示细部的美。传统隔扇的剪影充满魅力，从隔扇中露出的光洒落在地上，光影亦很迷人。虽然空间规模不大，在用光体验空间之美、体验传统之美的设计过程中，解读并延展设计师的设计构想也是我们工作的意义与价值所在。

二层布灯图 1：100

1 窨子屋的装饰性入口
2 公共大厅有天光进来，木构的房间里有暖色的光，灯光与日光的对话延展了空间的进深层次
3 窨子屋布灯图
4 统一格调的会客厅避免高光失去质感与平衡。墙上的水墨融入性非常好，建筑师设计的落地灯也是空间的一部分

12 | 3
     4

2
1
3
4 5

1 进入建筑的楼梯，用光引路
2 房间的光洒在了走廊里，走廊生动了，有光，空间有了生机
3 墙面的蚀铜壁画，在缝隙边缘藏了光
4 二层平面与空间布光的关系
5 客房的材质陈设和布光重点

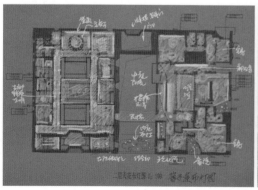

**主要灯具产品
及应用信息**

街区

1 檐口下照
投光灯，TG01，11W，14°，3000K

2 立面上照檐口
投光灯，TG02，5.5W，11×42°，3000K
投光灯，TG05，5.5W，14°，3000K

3 走廊
筒灯，TD01，18W，38°，3000K

4 通道照明
射灯，SD01，9.5W，11°，3000K

5 船互动装置
特制灯，TZ01，1W，120°，RGB
特制灯，TZ02，0.5W，120°，2700K

梦笔生花

1 立面木格栅
投光灯，2.7W，7.5°，3000K
线型灯，7W，12×40°，3000K

2 立面窗洞
投光灯，2.7W，22°，3000K

3 照树
投光灯，22W，15°，3000K

4 窗洞
壁灯，13W，3000K

5 二层走廊
地埋灯，15W，22×67°，3000K

6 一层景墙
地埋灯，2.5W，12°，3000K

大千井巷

1 一层入口
地埋灯，2.5W，39°，3000K

2 屋顶结构
投光灯，5.5W，14°，3000K

3 建筑屋檐
投光灯，2.7W，12°，3000K

醉月楼

1 窗洞结构
投光灯，5.5W，25°，3000K

2 阳台
壁灯，13W，3000K

葫芦口水街

1 立面
水波纹灯，15W，15°，3000K

2 花瓶装饰墙
筒灯，1W，20°，3000K

3 二层照射屋顶及地面
投光灯，5.5W，14°/40°，3000K

4 连桥
线型灯，6W/m，120°，3000K

葫芦口广场

1 水池
线型灯，13W，120°，3000K

2 照树
投光灯，70W，15°，3000K
投光灯，5W，25°，3000K

丝弦乐团

1 一层走廊
筒灯，10W，35°，3000K
筒灯，20W，28°，3000K

2 台阶
地埋灯，2.5W，12°，3000K

3 广场雕塑
地埋灯，5W，12°，3000K

4 屋顶立面
光灯，70W，76×88°，3000K

竹桥

1 照射屋顶
投光灯，5.5W，40°，3000K

2 座椅
线型灯，7.6W/m，120°，3000K

钵子菜馆

1 花池
线型灯，15W，120°，3000K

2 四层装饰圆筒装饰
线型灯，15W，120°，3000K
地埋灯，2.5W，12°，3000K

3 一至三层走道
线型灯，7W，120°，3000K

4 立面泛光
投光灯，11W，25°，3000K
投光灯，35W，16°，3000K

5 景观墙
投光灯，2.2W，84°，3000K

6 立面弧形结构装饰
地埋灯，2.5W，14×26°，3000K

7 西立面阳台
壁灯，13W，3000K

8 三层阳台背发光
壁灯，18W，3000K

9 台阶
嵌壁灯，1W，3000K

10 建筑立面窗户
窗台灯，4W，23×124°，3000K

11 庭院
图案灯，150W，8°～12°，6500K

试灯研究

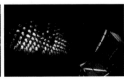

如何通过整体光环境提升，使有历史文化背景的商业街区保留完整性并体现时尚感？

- 商业街区内的照明规划应该保留建筑各自应有的风格与特点。
- 利用色温明暗等调整控制技术，实现新老建筑之间的协调，相互关照。
- 建筑照明应更注重其肌理的提炼，而不是用灯饰的手段画蛇添足。
- 根据建筑的功能属性以及在整体街道中的定位分类，确定亮度水平、色温、色彩。
- 布光的策略是：现代建筑——高亮度、多彩色；历史建筑——中亮度、沉稳，不用或少用彩色；居住建筑——低高度、偏暖色，保证居住者的舒适性。

1 江汉路商业街开街场景新旧融合氛围浓厚

设计思考

江汉路步行街是中国著名的百年商业老街，承载了汉口开埠通商一百多年以来的商贸发展历史，见证了武汉百年商业繁华与近现代城市发展历程的世纪变迁。此次景观照明提升以江汉路步行街为核心，北至京汉大道，南抵沿江大道，全长约 1.4km。步行街上主要有历史建筑 22 栋、现代建筑 46 栋、居住建筑 9 栋，合计 77 栋。设计内容主要包括沿线建筑立面照明、景观节点照明、绿化景观照明、地面铺装照明、城市家具照明、公共设施照明、定制高品质 5G 多功能智慧街灯等内容。

照明总体定位参照了国际上的著名商业街的做法，吸取比如纽约第五大道的时尚大气感、伦敦牛津街的古典优雅气质，寻找近现代商业街照明方式的传承关系。

国内也有很多类似的商业步行街。如北京王府井步行街、天津金街步行街、上海南京路步行街、重庆解放碑步行街、沈阳中街步行街、杭州湖滨步行街、广州北京路步行街、南京夫子庙步行街等，特点都是位于市中心，有近代历史发展的留痕，至今仍然运行且不同程度地繁华热闹，这些也是我们工作的基础参考。

我们的总体目标是希望通过提升照明品质传承历史文化，回归经典魅力，再现百年繁华，塑造当代时尚商业步行街。虽然经过百年时光雕琢，风云变幻，江汉路依然是武汉最繁华的区域之一，要努力让江汉路的记忆再次聚焦。

近代，现代，商街，街灯，在历史感中寻新潮

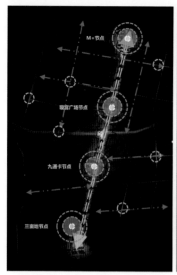

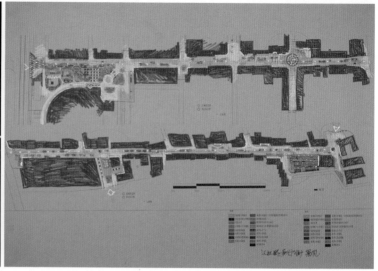

照明方式

江汉路位于城市开发程度最强的区域,结合街区总体规划方案,先做照明的布光规划。通过总体的照明等级的划分,将街区有序地分为一轴、四点的夜间结构,其划分目的是达到张抑有致,有效地引导、疏导客流。

一轴:江汉路历史时尚光影轴,是 1.4km 长商业街的主轴,用充满文化深度的灯光展开中西百年历史长卷。

四点:M+ 节点、璇宫广场节点、九通卡节点、三亩地节点,这四个节点也是进入商业街的次入口。依托节点景观,加强灯光强度,设置灯光互动,点亮属于江汉路的时尚与欢乐。

设计指标设定的依据参照了武汉市景观照明的指导文件,江汉路的亮度定位为高环境亮度区,指标定为 15 ～ 25 cd/m^2,以保证商业街运营的需求。

色温常规规定为 3300 ～ 5300K,考虑到历史建筑的存在,本次设计引入色温可变技术,采用琥珀色 +4000K 可变色温组合光源。节点处靠投影等增加色彩,以保证街道的完整性、时尚感。

1 江汉路整体平面及节点划分
2 色温的区分与色温的调节
3 色温的调节与场景转换

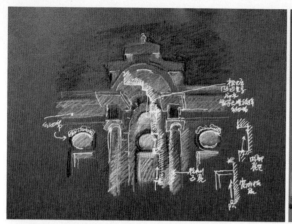

百年的街区自然而然地留下了历史的痕迹，新老建筑在这里交融，从照明设计的角度是需要统一或者独自考虑是设计的课题。我们认为照明设计应该让它们保留独自应有的风格与特点，同时应用色温明暗等调整控制技术，实现新老建筑之间的协调，相互关照。建筑照明应更注重其肌理的提炼，而不是用灯饰的手段画蛇添足。根据建筑的功能属性分类以及在整体街道中的定位分类，确定亮度水平和色彩。在设计中我们采取的策略是现代建筑——高亮度、多彩色；历史建筑——中亮度、沉稳，不用或少用彩色；居住建筑——低亮度、偏暖色，保证居住者的舒适性。

针对不同建筑类型的细部节点，做进一步的设计模拟，并通过试验确认其效果。

历史建筑：灯光设计要细腻、精致，更注重建筑细节的表达；既能体现建筑整体的雄伟、宏大，又能展现其精美细致、丰富的节奏感。设计规定了表现窗框的做法、表现建筑立柱的做法、表现栏杆的做法、表现墙面的做法。

现代建筑：现代建筑没有固定的细节语言，根据具体载体变化照明方式。灯光要节奏明快且赋予动感，注重氛围的营造。在四大空间节点处设置更多的动态效果与互动体验，强调建筑、景观与周围人群的情感互动。

居住建筑：为避免光污染，整体用光强调柔和、舒适。灯光在阳台、窗间墙等部位局部点缀，形成疏密有致的和谐人居氛围。

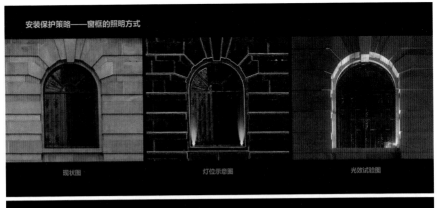

安装保护策略——窗框的照明方式

现状图　　　　　　　　灯位示意图　　　　　　　　光效试验图

安装保护策略——立柱的照明方式

现状图　　　　　　　　灯位示意图　　　　　　　　光效试验图

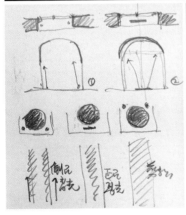

1

2
3

45

1 用灯光表现叠涩拱券等特色细部，欧式古典建筑凹凸丰富，前后关系用光不同，避免形成过分的影子
2 古典建筑的细节要素用光突出，在整体中有韵律地展开，布光调节强度，诠释古典，烘托商业街的氛围
3 柱式立面布灯方式选择
4 布灯方式细部草图
5 近代建筑的三段式细节用灯光分层表现

1 近代建筑的文脉克制地展示，时尚风格的店铺自由
　发挥
2 时尚店面与街灯
3 俯瞰街区的时尚感与格调

除建筑照明外，在街区中，街灯是室外漫步的保障。设计沿袭了近代煤气灯时代的照明方式，设计了江汉路的定制街灯，同时面街建筑一层部分增加了壁灯。壁灯的光是沿街面漫射的，街灯也是漫射出光，目的是渲染历史街区的气质氛围，在现场反复确定了壁灯的尺度和亮度。

江汉路综合提升照明工程完工后，全新亮灯。逛街者络绎不绝，有排队购买网红蛋挞的，有街道慢步直播的，有在树池坐凳上休闲的，也有逛街自拍发朋友圈的，也有闻信儿专门来观灯的。几个灯光节点处如设想那样聚集了很多人，也有自嗨起舞的。我们似乎在有历史感的街道上看到了规划中期望的时尚。

主要灯具产品及应用信息

历史建筑

1 LED 投光灯：6W，30×30°，琥珀色 +4000K

2 LED 投光灯：24W，10×60°，琥珀色 +4000K

3 LED 投光灯：48W，15×15°，琥珀色 +4000K

4 LED 投光灯：72W，15×15°，琥珀色 +4000K

5 LED 线型洗墙灯：18W/m，10×60°，琥珀色 +4000K

6 LED 线型洗墙灯：48W/m，10×30°，琥珀色 +4000K

7 壁灯：16W，2700K

现代建筑

1 LED 投光灯：24W，10×60°，琥珀色 +4000K

2 LED 投光灯：96W，15×15°，琥珀色 +4000K

3 LED 线型洗墙灯：24W/m，30×30°，琥珀色 +4000K

4 LED 线型洗墙灯：48W/m，10×30°，琥珀色 +4000K

5 LED 线型洗墙灯：48W/m，10×60°，RGBM（M：4000K）

6 LED 点光源：10.8W/m，≥110°，RGBM（M：4000K）

7 壁灯：16W，2700K

住宅建筑

1 LED 投光灯：6W，30×30°，琥珀色 +4000K

2 LED 投光灯：24W，10×60°，琥珀色 +4000K

3 LED 硬条灯：10W/m，120°，琥珀色 +4000K

4 LED 线型洗墙灯：24W/m，30×30°，琥珀色 +4000K

5 壁灯：16W，2700K

步行街区

1 5G 多功能智慧街灯：高 6m，5G 微基站，环境监测，LED 智慧照明，人流量监测，智慧监控，智慧防疫，智慧发布，一键求助，智慧广播，智慧充电，智慧井盖

2 LED 线条灯：10W/m，120°，3000K

3 LED 环形照树灯：72W，30°，3000K

试灯研究

如何为商业街道布光？
商业街道布光的逻辑是什么？

- 街道有三个面，地面及两边立面，在城市中围合成光谷。
- 光照在街道的休息处，表明这里是对到访者的欢迎，可以放心使用，同时可确认其清洁程度。
- 地铁出入口的照明是明朗、自然、惬意的。
- 公交系统站台不是机械的指示设施，用光要如酒店般注重处理细节，给人关照。
- 街道照明规划可分为六个层次：地面功能光，街道家具光，底层展示光，商家品位光，空间生活光，天际标识光。
- 六个层次，六种光，从下到上，由均匀分布到零散点缀，由暖至冷。

1 海曙段全景。城市是丰富的，街道是多彩的，店面是变化无比的，光在这里强化其多元性，并用光色把街道串起来

设计思考

出游，到傍晚，拿起相机拍下街景。在那些感觉舒适、感觉温馨的街道，光就在你身边。无论是走在芝加哥河边，还是在里斯本的近海商业街，抑或是在东京的表参道。好的街道构成是符合人们对街道需求习惯的，包括光。街道和家相比有很多不确定的意外惊喜，上街能寻得别样味道，不是目的明确的超市购物，这是人们愿意逛街的理由，但它又是家在空间上的延伸。

街道有三个面，地面及两边墙面，在城市中围合成光谷。人工光如生于地面的火，向上燃烧。车水马龙，人流穿梭。从感受上来说，地面的光密度尽可能连续为佳，安全、畅通、舒适。

街道有各种外摆，家具就是其中一种外摆。行人坐下来，就像在扩大的家里。光照在休息处，表明这里是对到访者的欢迎，可以放心使用，同时可确认其清洁程度。地铁口在街上，出入口的照明是专门设计的，明朗、自然、惬意。

从步行道跨过自行车慢行道，就是公交站台。公交系统站台不是机械的指示设施，更像是专门设计的休息处，细节用光如酒店般。公共系统有了细心设计的光的关照，不再是街面上的赘物，而是必然的一体化存在。走在街道上，利用公共设施，坦然又体面。

照明方式

当我们接到宁波中山路街道照明规划的邀请时，曾经的体验与理想汇聚成目标，并总结为六个方面的城市街道之光。

1. 步行者的坦然——地面功能光

为人服务的光首先是功能光，步行者、骑行者、驾驶者。为此在路灯与建筑之间专门增加了照亮慢行系统的列柱灯，兼顾步行与骑行的需求。在过去，这部分风光更多的是被装饰光灯柱占领，牺牲了舒适度。

2. 客厅般的街道——街道家具光

街面上有地铁出入口、公交站台、设备塔、景观绿植、信息亭及其他城市设施和家具，还有小广场等。这些城市设施及空间进入街道这样的"城市客厅"，就要像客厅般布置并细化尺度、设计灯光，表达细节，突出人文关怀，这部分灯光的设计是结合具体构筑物细节展开的。

3. 店面里的诱惑——底层展示光

商店街的面街一层是商业出入口和橱窗等。一层挑廊或雨棚增加筒灯的下照，一层店面的界面会更明亮，产生与室内的呼应，引导行人的目光。

1 逛街的很大需求是能够在步行街上优雅地坐下来，体会休闲生活。城市家具的意义在此，用光细腻的表现体现对顾客的关怀

2 街道上的地铁出入口是街道元素的一分子，重新改善光环境，提升品质，为街道的便捷和丰富性添彩

3 体面的公交车站是街道品质的代言者

4 机动车道、景观、路灯、慢行道、人行道、公交站台、地铁出入口、城市家具、店面橱窗、广告牌、商业裙房、楼体等杂多元素构筑街道魅力，光用以体现顺畅、关怀、表达

5 天一广场屏幕连动广告屏尺度之大可以认为是中国第一墙

4．裙楼面的装点——商家品位光

商业街上综合商业体 3～5 层不等。这些体块是商家的面子，也是街道面子的组成部分。精细化装饰，表达商业气质与目的，是展现商家品位的重要部分。广告与标牌也大多在这些商业体上，活用商业广告标识成为夜景的重要部分是设计上需要推敲的。

5．主楼体的内容——空间生活光

商业综合体的上面就是高层办公楼、公寓或酒店。立面窗户里内透出的光左右着楼体的性格，也是使用状态真实的流露。对街道而言，楼体起到背景般的围合作用。从视觉上说，街道上的行人并不关注楼体，因为仰视和远视才有价值，多余的装饰光应该克制使用。

6．高楼顶的突出——天际标识光

如果高楼突出于城市中，影响着城市的天际线，成为地标，顶就重要了，要表现。就像纽约帝国大厦在街区就成了一个信息发布塔，在不同的节日里点亮不同的灯光。比如在 2016 年 2 月中国的除夕日就专门点亮金色与红色庆祝中国农历年。如果建筑对城市天际轮廓线有影响，那么让它亮起来是起码的。

一条街道规划六种光，从下到上，由均匀分布到零散点缀，由暖至冷。在地面与人对话，与人友善，在天际与天对话，天光一色。这样的设计逻辑是符合人的行为习惯的，这样的设计是符合人对光的需求的，这就是宁波中山路的街道的布光逻辑。其思考，具有更广泛的意义，那就是：光，更接近人；光，更关注人。

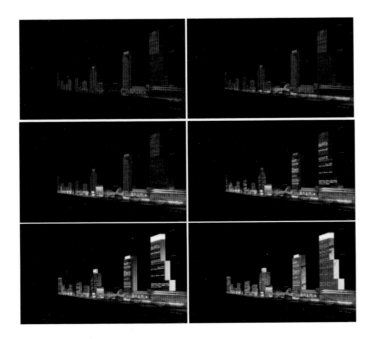

1 解放路口的夜景
2 3 鄞州段全景
4 光的层次分为六个部分：街道的光、底层
  商业的光、裙楼店面的光、建筑立面生活
  工作的光、顶部城市天际的光、节日渲染
  的光

**主要灯具产品
及应用信息**

主要建筑照明

1 顶部

LED 投光灯：功率 36W，角度 25°/40°，色温 4000K
LED 投光灯：功率 60W，角度 30°/60°，色温 4000K
LED 投光灯：功率 120W，角度 40°，色温 4000K
LED 线型洗墙灯：功率 36W/m，角度 10°×40°，色温 4000K
LED 线型洗墙灯：功率 18W/m，角度 10°×40°，色温 4000K

2 立面

LED 线型洗墙灯：功率 12W/m，角度 30°×30°，色温 3000K/4000K/RGBW（W=4000K）
LED 线型洗墙灯：功率 18W/m，角度 10°×40°，色温 3000K/4000K/RGBW（W=4000K）
LED 线型洗墙灯：功率 24W/m，角度 30°×30°，色温 RGBW（W=4000K）
LED 线型洗墙灯：功率 36W/m，角度 10°×40°，色温 3000K/RGBW（W=4000K）
LED 线型洗墙灯：功率 48W/m，角度 30°×30°，色温 RGBW（W=4000K）
LED 线型洗墙灯：功率 60W/m，角度 30°×30°，色温 RGBW（W=4000K）
LED 线型洗墙灯：功率 90W/0.6m，角度 25°/40°/60°，色温 3000K/4000K/RGBW（W=4000K）
LED 投光灯：功率 9W，角度 8°/25°，色温 3000K/4000K
LED 投光灯：功率 12W，角度 8°，色温 RGBW（W=4000K）
LED 投光灯：功率 18W，角度 8°/25°/60°，色温 3000K/4000K/RGBW（W=4000K）
LED 投光灯：功率 36W，角度 8°/25°，色温 3000K/RGBW（W=4000K）
LED 投光灯：功率 60W，角度 15°/30°，色温 3000K/RGBW（W=4000K）
LED 染色灯：功率 135W，角度 23°，色温 RGBW（W=4000K）
LED 染色灯：功率 270W，角度 5°/30°，色温 4000K/RGBW（W=4000K）
LED 染色灯：功率 450W，角度 8.5°/21°/43°，色温 4000K/RGBW（W=4000K）
LED 线型洗墙灯：功率 60W/m，角度 30°×30°，色温 RGBW（W=4000K）
LED 线条灯：功率 12W/m，角度 120°，色温 3000K/RGBW（W=4000K）
LED 像素灯：功率 20W/m，角度 120°，色温 RGBW（W=4000K）
LED 灯带：功率 5W/m，角度 120°，色温 4000K
LED 窗框灯：功率 6W，角度 10°×80°，色温 RGBW（W=4000K）
LED 点光源：功率 1W/3W，角度 120°，色温 RGBW（W=4000K）

3 裙楼

LED 地埋灯：功率 18W，角度 40°×40°，色温 2500K
LED 地埋灯：功率 36W，角度 15°×15°，色温 3000K
LED 条形地埋灯：功率 36W，角度 15°×60°，色温 3000K
LED 壁灯：功率 2×9W，角度 25°×25°，色温 3000K
LED 壁灯：功率 25W，角度 25°×25°，色温 2700K
LED 壁灯：功率 30W+2×9W，角度 120°+15°，色温 3000K
LED 下照灯：功率 12W/18W/36W，角度 30°/60°，色温 3000K

4 高清投影系统：功率 3000W，光通量≥ 20000lm，分辨率 2K

5 天一广场 LED 透明屏：功率 300W/m²，像素间距 P10×10，RGB

主要景观照明

1 沿线街头口袋公园绿化照明
   LED 弧形照树灯：功率 18W，角度 25°×60°，色温 3000K

2 沿线石凳、座椅照明
   LED 线条灯：功率 6W，角度 120°，色温 3000K

3 沿河栏杆及小桥照明
   LED 线条灯：功率 10W，角度 120°，色温 3000K

4 沿西塘河绿化照明
   LED 投光灯：功率 60W，角度 25°，色温 RGBW（W=3000K）

5 沿线景墙照明
   LED 线型地埋灯：功率 10W/20W，角度 10°×40°，色温 3000K

6 售卖亭及雕塑照明
   LED 地埋灯：功率 20W，角度 25°，色温 3000K

7 后退空间步道引导照明
   LED 侧出光地埋灯：功率 2W，单侧出光，色温 3000K

8 发光混凝土内透照明
   LED 线条灯：功率 12W，角度 120°，色温 3000K

9 地铁入口照明
   LED 筒灯：功率 30W，角度 60°，色温 3000K
   LED 条形灯：功率 10W，角度 120°，色温 3000K

10 东鼓道商业出入口照明
   LED 雾面轮廓灯：功率 12W，角度 120°，色温 3000K
   LED 壁灯：功率 10W，角度 9°，色温 3000K

11 公交候车亭照明
   LED 小射灯：功率 3W，角度 8°，色温 3000K

试灯研究

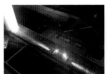  

光，是通往精神世界的媒介；美，透过光可以穿透我们的心灵。

赖军（著名建筑师，北京墨臣建筑设计事务所创始人）

有了光，建筑才能出彩。

徐磊（著名建筑师，中国建筑设计研究院二工作室主持人）

光以艺术的方式将建筑空间的本质呈现出来，并创造与人交流的媒介。

李麟学（著名建筑师，同济大学教授）

光与建筑如影随形，光是建筑设计不可分割的一部分。光如同绘画的颜色，使建筑及城市更加绚丽多彩，给人们的生活带来美的享受；光还如魔术棒，可彰显建筑的特色与精神；光是引领者，引导建筑空间秩序，丰富建筑空间层次；光又如诗人，赋予建筑以情感和诗意。

金卫均（著名建筑师，北京建筑设计院总建筑师）

照明设计的创意源头来自上游策划的响应、建筑景观等的设计解读。追随这条主线，布光，解析空间，满足使用及氛围要求。创意是多样性的，灯光的表现形式也是多维度的，有照亮空间及造型的光，有信息媒体类的光，有艺术装置的光。单就布光层次而言，就有理查德·凯利所说的环境光作为背景，焦点光作为主角，闪烁光制造氛围等手段。光的设计也是个修炼的过程，我曾经仿围棋的段位制戏说照明设计的段位，同时防微杜渐，设定照明设计的"十诚"。

照明的目的永远离不开基本的要求，就是照亮，除满足基本的照亮功能要求之外，你将光提升到了哪一步，这是段位要求。段位是争取向上的方向，其实设计还得有底线管理，虽然不尽合理，这是戒律规定。

4 创意园区

如何通过布光以及照明方式的调整，表现建筑表皮质感？

- 灯光的作用是穿梭于建筑间隙，从而体现并强调建筑的特殊质感与构成关系。
- 灯光布置首先要从平衡室内外的亮度关系出发。
- 在小规模的建筑照明设计中，须兼顾室内、底层、立面的亮度平衡，下中上的过渡，让灯光作为建筑的要素之一发挥应有的作用。
- 适应立面开孔率的变化，用光柔化表皮，提升材质的设计价值。
- 将表现穿孔板的光充于内，将表现砖墙质感的光投于表面。

1 就好像急速驶过的列车掀起了尘埃，金属穿孔板转身变为金属粒子在半空中弥漫。列车的动与建筑的静在此气息相融
2 总平面布局，光与场地的关系草图

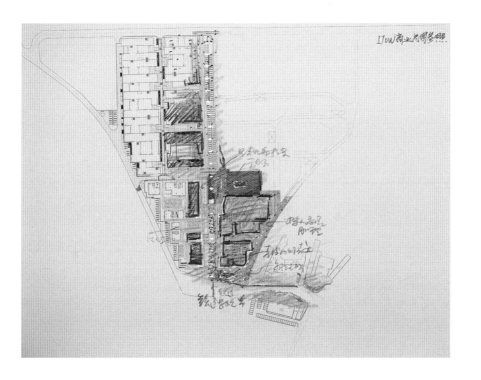

表皮，质感与光，用光实现材料感受的柔化及异化

设计思考

黑糖艺术中心位于北京东部地区的某工业厂房片区内，用地被数条铁路分割出一个菱形的区域。建筑表皮采用了金属穿孔板，呼应着这一基地的外在环境特质——每当列车驶过铁轨，空气颤动声与金属撞击声响起。在我们的解读中，黑糖项目里建筑师所要表达的应该是建筑的内在空间、表皮质感与环境呼应的一体化关系。

建筑表皮的金属穿孔板，与内墙拉开了一定距离。孔洞有疏有密，视觉上部分厚重，部分轻快、漂浮、朦胧，时而有空气的流动感。灯光的作用，则是穿梭于建筑间隙，从而体现并强调建筑的特殊质感。

照明方式

关于灯光的设计手法，要点首先是使亮度能够平衡室内外关系。外表皮的金属板在穿孔上有设计逻辑，立面又有开窗，于是在表皮及内腔铺设灯具，让光充满夹层空腔并充分混合，金属孔成为光孔，实体部分则成为剪影。视觉上，光孔扩散并衍射光，实体部分被打散，仿佛飘浮于空中的金属粒子。粒子有聚集，有疏散，几乎像是被火车通过时的空气动力冲击所致。与此同时，室内有人走过，其光影使内在空间外显，为空间增添了明暗以及深度。

1 | 2
3

1 改造项目首先是对建筑表皮的革新。该建筑底层外墙材料是实体红砖，改变砌法形成肌理，适合灯光掠射　显示凸凹，强化立体感。二、三层是金属穿孔板做变节奏穿孔，适合内侧照明，做出朦胧透光效果。光—　外—内，互衬建筑表皮的美
2 金属板是冷的，空间是暖的。用金属板内的暖光调和冷暖对比拉近彼此之间的距离，暗示出空间的层次
3 天花上向下的光也是藏在金属网内，维持表皮的连续性。砖的质感、金属的丝网柔化促成现代的设计感

1 一层材质温暖，空间光也温暖，二层金属板冰冷，显酷，突出创意产业园的性格
2 底层的光要顾及地面，满足功能使用需求，光在这里不仅提供照度，同时定义边界与空间性格

建筑的一层是红砖砌筑肌理，凹凸大，适合采用掠光来强调其质感。此外，出入口、门厅处所设的灯具，与照亮的砖墙共同提供垂直面视觉照度，达到功能指引。

整体而言，对一层照明的强化与二层照明的弱化，促进了创意园区整体的格调和舒适度。在小规模的建筑照明设计中，须兼顾室内、底层、立面的亮度平衡，下中上的过渡，让灯光作为建筑的要素之一发挥应有的作用。

这里曾经是一片工业厂房，经过建筑的逐步改造，正在转变成一个混合型的社区。黑糖艺术中心是这一区域内最为重要的建筑，灯光作为景观元素有机融合到街区整体景观中，也为这一处文化地标增添了色彩。

1
2

1 旁边的铁路桥是陈旧和相对古老的，粗大的横梁、笨拙的立柱和生锈的铁栏显示硬
  朗的力量感，新建筑似乎在柔化它，两者平行共存
2 铁道两侧的建筑属于一个园区，左侧均质晕染，右侧转角点缀，表达相互的关联性

主要灯具产品及应用信息

建筑

1　嵌入式筒灯，14W，20°，3000K，防眩光

2　嵌入式筒灯，8W，40°，3000K，防眩光

3　明装筒灯，11W，15°，3000K

4　侧壁灯，8W×2，25°，3000K

5　台阶嵌壁灯，3W，3000K

6　台阶嵌壁灯，1W，30°，3000K，内置防眩光格栅

7　建筑立面洗墙灯（一层），28W，15×50°，3000K

8　建筑立面洗墙灯（二层），36W，15×50°，800K+6500K 色温可调，像素段每米 4 段

9　入口雨棚 T5 支架，12W，120°，4000K

10　建筑立面洗墙灯，18W，15×50°，3000K

11　楼梯区投光灯，6W，30°，3000K，遮光罩及防眩光格栅

景观

1　户外柔性灯带，7.2W/m，120°，3000K

2　庭院灯，高度 4m，24W，60°，3000K，遮光罩及防眩光格栅

3　庭院灯，18W，25°，3000K，遮光罩及防眩光格栅

4　地埋照树灯，9W，30°，3000K

试灯研究

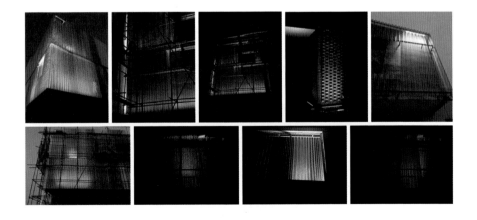

如何通过照明展现工业设施的本色，维护工业遗产的特殊景观特色？

- 当工业遗存转变为创意产业园区时，要整合景观场景中存在的多种要素，需要针织般细致地分别对待。
- 虽然工业设施的大场景惹人注目，有时维持本色非常重要，只有在举办特别的时尚活动时才选择隆重的灯光加持。
- 煤气罐的外框架用点光源做了节日与平日的点缀，配合编辑灯光运行模式。节日里的照明效果是利用控制系统算法编辑的多种场景。星光闪烁是常态的场景，隐隐约约，却很灵动。
- 整体环境有意识地控制亮度，调子是比较暗的，但质感氛围俱在。
- 工业遗产的光，来自现场。那些遗存的设备原来是从真实的使用需求出发设计的，没有矫揉造作，因此布光也应是还原真实的样貌，不要过度地化妆修饰。
- 一般来讲，普适性的功能性大灯是小环境夜场景的"死敌"，休闲时适合于低照度环境，少数人在月光下散步也是一种生活，小心翼翼。

1 厂房、设备、管道、廊道交织着，丰富中有着自我的逻辑秩序

设计思考

疫情期间不怎么去东边了，以前但凡往东走，去处就是 798 和 751。昨日去看展，发现 798 变了，改造了很多建筑，道路溜平溜平的。新加建的美术馆可能来不及完工就开了毕加索等大师展，入口铺了红地毯，凹凹凸凸，对面摆了一圈红的黄的鲜花花坛。一恍惚，以为是建材城开张，看了内部的布展制作得仓促粗糙后又觉得冤枉建材城了。

过 798，进 751，其实 751 是每次闲逛的地方，光影下最适合拍照。我是很喜欢那些大罐、铁塔、高炉，以及沿道路环绕的各种管道的。园区内零散地建了可使用的创意空间，有的与设备结合，有的独立成建筑物。工业设备感太强了，虽然这些改造融入了功能上的思考，但格调却牢牢地掌握在工业遗存的手里。高塔的铁锈，曾经是保护漆的陈旧褪色造成的，不过有些清理出来的锈斑，确实是出奇地色泽饱满，是那种沉稳的暗红。阳光下的色变，光影的交替，为拍大片儿提供着不断的题材。

国营 751 厂建于 1954 年，由民主德国援建，为电子产业提供热能及电能，因此设备都高大盘错。15 万 m³ 煤气储罐（79 罐），脱硫塔（时尚走廊），火车专用线（火车头广场），动力管廊（廊桥，空中步道），裂解炉附属工艺区（炉区广场），这些是大的主场景，各种使用空间在全域渗透。大的场景惹人注目，时尚活动时有隆重的灯光加持，颇热闹。平日里存在的多元环境，需要针织般细致地分别对待，这也是通过布光设计探索后的感悟。

照明方式

沿着那些管廊新建了廊桥，在几年前。在廊道上走，有如提升了地面的高度，视野开阔了不少，烟囱、成堆的设备塔、管道、厂房、大煤气罐等。为了夜间能优雅地散步赏景，在桥上走一走，便在栏杆立柱处暗藏了灯，目的是照亮桥面，望远时不刺眼，脚下有安心的微光。近桥不远处有一个煤气罐设备，顶上有框架高起，没有79罐那么庞大，却由于空的框架直立也显得高耸。用点光源做了节日与平日的点缀，又编了一些灯光运行模式。如节日里的照明效果类似在20世纪50—60年代所看到的灯饰灯串饰边，是利用控制系统算法编辑的。星光闪烁是常态的场景，隐隐约约，却很灵动。想着会有人约着朋友来，在751的廊桥上看星星，尤其是皓月当空的日子。支撑起廊桥的是外侧的桁架结构，结构上用小投光灯把结构逻辑照亮，在地面街道上，是街道串联的风景。

1 高架的廊道上放眼 751，仿佛设备从昔日的繁华中沉静了下来
2 脚下有了光，夜晚这里称为眺望星空的地方
3 廊桥的光是低位的，关注的是人，天空仍然很蓝很深
4 飞架的廊桥是高线通廊，与地面的交通系统立体交错着

1 2 3

4

751 有个火车头广场，有双子设备塔，广场上有龙门吊车大构架。铁道铺过，当年的火车头和几节车厢停在那里。火车头上的双大灯是那个时代的工业文明象征，内部灯泡没了亮不起来。加了光源，使头灯恢复了原来的风貌，火车头于是又雄赳赳起来了。车下的轮子和其他部件非常有力度，轨道、砾石，是火车交通运输的代表模式，在铁轨两侧布了灯，从地面掠光照亮成为模特儿的火车。

龙门架在广场的另一头，除了用光表现构架特征，也把内部构架打亮，丰富结构层次。大构架相当于广场另一端的空间指引，用它丈量广场的尺度。塔吊上有驾驶舱，内置照明设备使其亮，一盏大瓦数的投光灯投向广场地面，晚上广场的照度不是很亮，空中驾驶舱像个太空舱，有梦幻的未来感。

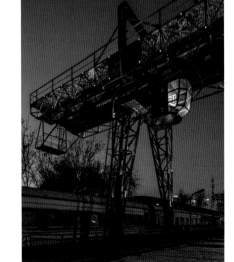

1 火车与设备双塔，向前向上，一个时代的精神记录
2 火车头广场的标志是火车头，火车头的大灯是火车的魂，让它重新亮了起来
3 真正大面积的火车头广场应该是这里，估计原来是操货场。现在的龙门架充满未来感
4 龙门架上的操控室看起来像是太空舱，那就用冷光打亮它

1 双塔是重要的标志，751 的大牌子就挂在上面。那铁色、锈色和爬梯像直立的第三国际纪念塔，照明体现其本色
2 工厂的设备是真实的，在今日使用的语境里似乎有点戏剧化，灯光表现时已经不必粉饰了，本体就好
3 设备是原来的设备，构架是原来的构架，氛围是旧日的氛围，灯光就是要模拟旧日的

对景是细长的双塔，塔身有悬梯围绕，悬出平台，相互缠绕，很有现代建筑的构成感，像是缩微版的第三国际纪念塔，751 的标识就架在上面。表面斑驳，陈旧的防护漆与铁锈混杂着浮在表面，就像一幅写意的画，厚重的深褐色、暗红色挺上相挺诱人的，用合适色温亮度去投光，气氛就出来了。布灯于各层，不均匀投光于塔身，光打向那构件组合的形，营造斑驳感，显示整体造型。通过现场数次色温的试验校正和亮度的测试，最终确定了使用灯具技术指标的方案。

工业遗产的光，来自现场，那些遗存的设备原来是从真实的使用需求出发设计的，没有矫揉造作，因此光也应是真实的体验结果，不是电脑上的想象。火车头广场整体载体有意识控制了亮度，调子是比较暗的，但质感氛围俱在。不远处设有两基高杆大灯，是给广场及周边提供照度的，一次检修未开，现场感觉刚刚好，那大灯确实平日用不着，关了还省电。一般来讲，普适性的大灯是小环境夜场景的"死敌"，休闲时适合于低照度环境，少数人月光下散步也是一种生活，小心翼翼。急急火火时，一般是去超市，超市的照度基本是 1000lx 左右。

另一处围合的院子，也遗存了龙门塔吊和铁轨，可能原来是个货场搬运操作地，现在改成了篮球场。正好在这龙门架上布灯把球场打亮，爱好者可以晚上打打篮球。这个场所的几组桁架，也是用小的投光灯把结构逻辑表现了。同时，架在了入口处新建图书馆上的桁架很有意思，骑在了建筑的屋顶，玻璃幕墙的镜面反射把支架映射在了墙面上生成重影。有意在端头设了一盏下照的射灯，光束可见，地面又有了凸显的光斑，定义了场所的属性，有点戏剧化，符合751是时尚之地的定位。深处里墙面下有轨道，上面铺了玻璃，轨道成了展示柜。照亮的展示柜，其实给墙面提供了亮度，此处的院子，有了进深的界定。

入口处一栋使用着的建筑，山墙面上有消防楼梯。消防梯的设计很直白，结构明晰。在立柱上布了灯，内侧也用光增加立体感，于是山墙面也生动了。半座龙门架，一侧消防梯，用光定义了局部环境意象。

动力广场是 751 的主广场，有烟囱，设备多，成阵列，还有车间厂房改为展厅、工作室等。有绿茵草坪、荷花池，每年的时尚展主场就在这里。大广场也会摆放一些装置，晚上如有活动会增加临时灯光助阵。那些设备塔，我们只是用灯光还原了作为设备的自然态，点亮防爆灯，照亮爬梯，犹如当年生产时的状态。并列的塔罐采用向下投光把罐子照亮了些，方便看到那些锈蚀的铁色。节日时，有红红绿绿的色彩，平日里，就是厂房设备的格调。这格调，北京也不多，未来也会是物以稀为贵。光，这里以克制为本。

1 曾经的龙门吊现在成摆设了，但架势还很凌人，新建的图书馆犬伏其下
2 夜间的照明符合工业设施的格调
3 昔日的导轨被当成文物罩了起来，用光展示一下，同时作为广场的背景墙也亮了
4 动力广场是 751 的主广场，方塔排列，圆罐并行，烟囱高耸，厂房里灯火通明，动力广场追溯往日的动力能量
5 方塔两组，不知昔日的功用，但铁梯是要登上去的，梯子必须有灯照明，做出那种当年生产时的用灯的感觉

1 关注脚下的光，饱览
工业风景

751的特色环境区域逐步在实施景观氛围性的照明，做了几年了，一处一处慢慢亮相，遇有不适处，更改完善。现在看来，这种微环境渐次设计实施的方法也挺好，能够随需求且逐时尚。目前大的设备塔、高炉等还没有常设的场景照明，纯设备的位置没有改造成利用空间的就没有急着全部亮起来，有重大活动如时装秀等，临时演绎灯光会更热闹震撼，重要的场所，用时自有关注者。751的管理者也认为没有必要全部亮起来。

入夜，静静的751，静静地看，静静地游，静静地品。那过去的苍劲，那未来的茫远，都圊足在当下的地境里。

1　投光灯：2W，DC24V，2300K

2　投光灯：3W，DC24V，2700K

3　投光灯：3W，DC24V，2000K

4　投光灯：3W，DC24V，60° 3000K

5　投光灯：36W，DC24V，60°，3000K

6　LED 线型洗墙灯：36W，RGBW，4 段 /m，DMX512

7　LED 点光源：2.7W，DC24V，120°，RGB+W(5700K)，DMX512

8　LED 点光源：5W，DC24V，120°，5700K，DMX512

9　LED 点光源：1W，DC24V，120°，4000K，DMX512

10　LED 点光源：1.8W，DC24V，120°，RGB+W(5700K)，DMX512

11　LED 点光源：3W，DC24V，120°，5700K

12　LED 投光灯：14.4W，DC24V，10°，2200K，DMX512

13　LED 投光灯：16.2W，DC24V，12°，2200K，DMX512

14　LED 线型灯：7.5W/0.5m，DC24V，120°，3000K，DMX512

15　防爆灯：5W，2200K

试灯研究

在人与建筑的异化中，光是不可或缺的催化剂。

孟建民（中国工程院院士，全国工程勘察设计大师）

光是自然之物，让不可见的时间得以显形，赋予建筑以灵性；光也是人工之物，向我们展现了世界迷人的另一面，夜幕中的华章与幻境。

刘艺（著名建筑师，西南院总建筑师，四川省工程勘察设计大师）

看好的照明设计作品，瞬间会被感染和触动，或纯净柔和，或明媚艳丽，或晕染如霞，或闪烁如星，将争宠的城市空间、生硬的建筑体块、无助的环境疲软、空洞的室内抓睛，变得生动鲜活和温暖起来，更是在城市繁忙的海洋中，抑或旷野沉寂的山野中，诉说起一个关于照明与场景、照明与生活的故事。好的照明设计，我称之为『天使的光芒』，每每鸟瞰，犹如天上赋予的光芒，自然又俏皮，快乐来到人间；若是地上穿行，好似天使在引导，不争也不抢，带着你漫步。

陈薇（著名建筑学家，江苏省工程勘察设计大师）

布光就是布道，布光录就是启示录！

何崴（著名建筑师，中央美术学院教授）

公园水域强调的是休闲安静安全，多为近人尺度的光。因此，布光更注重舒适性，光束一般是向下的。水域的照明要求巧借水体同时表达对人的关怀，体现岸上景观载体与水中倒影的关系。考虑到安全与维护性，水中尽量避免安装照明设备。公园里组合了公共建筑设施，其主角转变为建筑的表达，景观变成了衬景，水面成了借助倒影的画面。景观照明更多体现夜间的人文关怀。

主题性园区一般地处风景区内，风景区是生态的，风景区的照明不止于以人为本。光只是串联景点建筑设施等的向导，表现景点主题的辅佐。光为景区夜游服务时，光的主体性会在某一时间段得到加强和发挥。风景区作为城市的背景，大多数情况是自然夜色保护的重点，光的使用应该以保护生态为前提。

5

公园风景

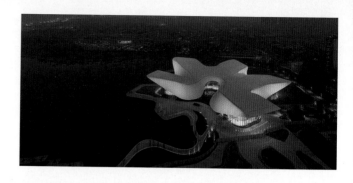

如何布光可以为公共建筑塑形，
如何布光将景观环境与商业街等
融为一体？

- 解读建筑师的想法并充分沟通交流。
- 用光表现建筑造型时，纳入室内光要素，并将景观照明作为纽带，相互平衡。
- 在细节设计上，兼顾观赏角度、使用方式，布置灯光设备。尽可能避免眩光的影响，并通过系统控制实现不同层次的明暗关系。
- 利用立面、屋顶、景观、建筑、岸线、倒影等要素，巧妙组合成夜的风景。
- 商业街氛围要有烟火气，主要视角在内街上，灯光在街巷里重点布置。布光要跟随人流游走，让店面光促进繁华的商业感觉。

1 美术馆整体鸟瞰

设计思考

天府艺术公园项目总占地面积约 577 亩（1 亩 ≈667m²），由迎桂湖、天府美术馆、当代艺术馆·图书馆以及商业水街有机交融而成。基于基地的属性、环境条件和蜀地的文化特征，建筑师定义了"一湖""两馆""一水街"的主题设计思想：出水芙蓉境（美术馆），蜀巷烟火气（商业街），轩外湖水平（迎桂湖），窗含西山景（艺术馆·图书馆）。分别代表了对景观和四组不同属性建筑及水景的创作意象。美术馆是悬浮的，艺术馆·图书馆是空灵散落的，商业街是热闹的，景观是不同建筑性格的协调者，湖面是虚的镜像中心。

照明设计方案基于以往公共建筑及景观的设计经验，对如何表现环境的整体性，如何表现建筑的特色，如何表现空间的层次，如何表现材质肌理，如何表现景观的连续性，如何满足运营后的灯光需求，进行了综合思考。

美术馆

针对具体建筑，完成照明方案前首先要充分解读建筑师的想法。最具明显造型特点的是美术馆，它的构思意象像漂浮在水面上的一朵芙蓉花，寓意是出水芙蓉境，我们用光来再现花的绽放。用光将芙蓉花浮在水面，用光表达花蕊和花瓣屋顶的造型。一朵芙蓉花的构成要素，有屋顶花瓣的光，同时有室内花蕊的光。中心柱的花蕊相对更亮，共同形成花朵开放的感觉。芙蓉花开在光的分层次表达下，造型是完整的。想象在月光下屋顶亮起来，室内温暖的光透出来，这朵漂浮在水面上的花，跟景观结合以后，利用倒影实现建筑造型的升华，实现所谓出水芙蓉境。同时光是可以控制的，通过光的回路控制，把建筑的屋顶、立面、室内、景观设为不同的回路。这样通过分层控制在不同的时段表现不同的特点，热闹的时候可以给人鲜花盛开的感觉，平静的时候内部花蕊体现有生命的存在感觉。在细节设计上，兼顾观赏角度、使用方式，布置了灯光设备，尽可能避免眩光的影响，并通过控制实现不同层次的明暗关系。

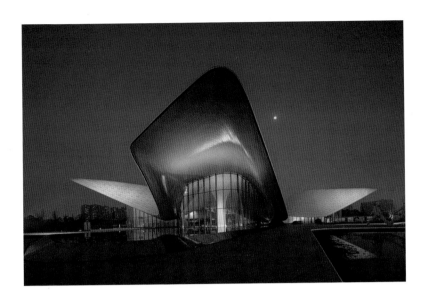

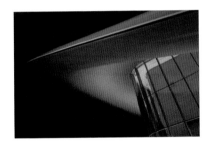

1 | 2
3 4

1 迎桂湖上的美术馆
2 绽放的芙蓉花
3 室内光的渗透
4 室内结构芯柱的亮度强化

1 山峦起伏的建筑融于景观中
2 功能光的景观
3 当代艺术馆·图书馆的照明方式及细节草图
4 艺术馆·图书馆照明概念
5 艺术馆·图书馆照明概念图

艺术馆·图书馆

艺术馆·图书馆重要的造型特点是屋顶像山峦，类似国画里写意的山峰一样，这个山就是建筑师所要创造的视觉效果"窗含西山景"。我们所想象的西山夜景，理想的状态应该是好像能看到远处的雪山。屋顶雪山意象用白色光纤灯光点来表现，正好形成屋顶轮廓的峰巅，在水中倒映雪景，从远处看是优美的建筑形态轮廓，湖边看雪山映入水中。透过立面能看到室内的光，立面利用竖框藏灯产生韵律光，在水面形成涟漪。

艺术馆·图书馆与美术馆特点不同，光的轮廓给我们一种遥远的想象。艺术馆·图书馆更体现线条舒展的阳刚之美。因此艺术馆图书馆的设计利用立面、屋顶、景观、建筑、岸线、倒影等要素，巧妙组合，形成一幅优美的画面，展现出国画的笔触。突出的飞檐，曲线如弓，飘逸天际，层峦叠嶂。还有利用竹节竖框构成的立面，可以随着优雅音乐、灯光要素律动，形成的图案也是抽象的，光也是经过二次反射柔化的，柔和的光使建筑群更优雅，更贴合气质。

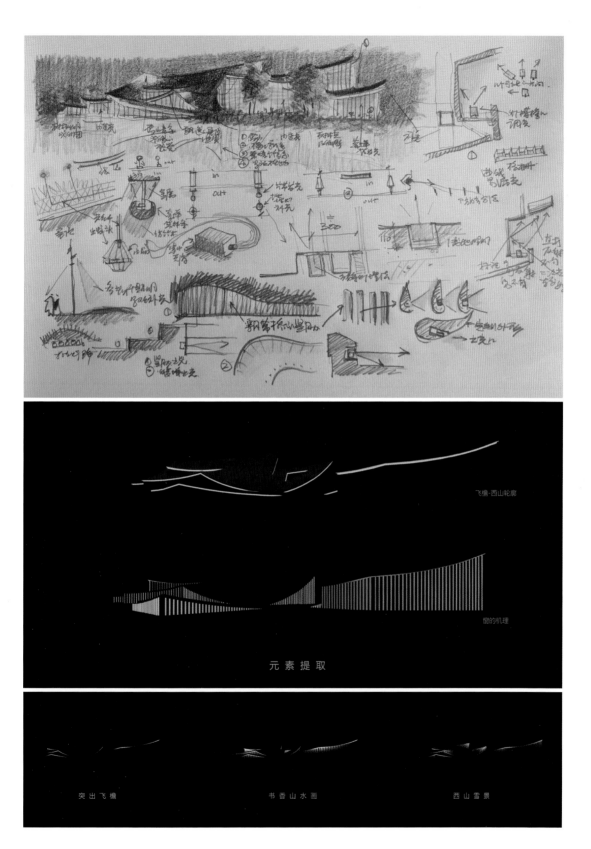

元素提取

突出飞檐　　　　　　書香山水画　　　　　　西山雪景

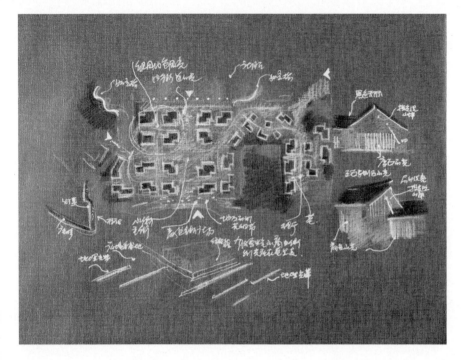

1 商业水街照明方式及细节草图
2 商业水街夜景意象

商业水街

通过商业水街将两侧公共建筑衔接起来以后形成一个有特点的相互对仗关系。水面柔化环境，光的魅力使建筑之间能够对话，柔与刚，分散与独立，展现天人合一的感觉。照明设计可以说是对于建筑空间的转译过程，通过功能照明、室内外照明体现建筑逻辑的美。

商业街氛围要有烟火气，主要视角在内街上，灯光在街巷里重点布置。布光要跟随人流游走，让店面形成繁华的商卖感觉。建筑群设计有主轴、次轴、街巷内院的区别，位于水岸一边有步行景桥引入。室内店铺有商卖的光，设计方案只把每个屋顶山墙造型表达出来，大量的光集中在景观上和地面上。这些光作为一个引导和商家的光相辅相成，促成品质与商业繁华的平衡，同时又不失为艺术公园内的商业街，有某种程度的收敛，同时体现灯光对人的关怀引导。灯光作为基础需求既是功能照明，又是景观照明，还是建筑塑形的照明，与将来商业内部光融为一体。

景观

作为艺术公园，景观也是一大特色。五色溪水、漫步飘带桥、竹丛、树木、萱草、广场、台阶，构成洄游路径上的赏目点。照明设计时还特别改造了栏杆的方式，将照明灯具组合于内，形成有像素、有色彩、可舞动的飘带桥。在美术馆一侧还特别设计了投影装置，投内容到地面广场配合展出，与市民或游客互动交流。

整个艺术公园是偏静态的地方，美术馆、艺术馆·图书馆和岸线形成一个非常和谐的景观。位于城市远处的建筑灯光，我们建议尽可能柔和一点，尽量避免非常强的灯光勾勒。柔和的万家灯火的光，洒落在湖面上，成为一幅有意境的画，这也是灯光的整体平衡达到的效果。

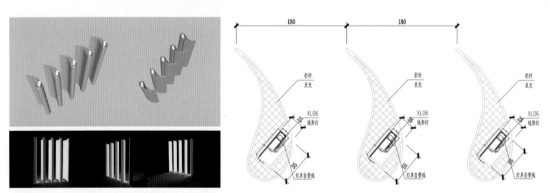

1 隐藏了灯具设备的飘带桥栏杆
2 景观桥飘带的结构与灯具安装细节

经过跟建筑师、景观设计师以及室内设计师的反复交流，跟业主需求的反复磨合，
在深入理解环境的基础上，通过灯光各种试验形成了这样的实施方案和呈现结果，
从结果看灯光能够促进该区域的夜间活动延展和建筑和景观的夜景提升，成为成都
新的网红地标。用光助力，同时用光定位真正有艺术感的天府艺术公园。

主要灯具产品
及应用信息

美术馆

1 核心柱
   地埋灯：16.9W，20°，3000K

2 屋顶
   投光灯：86W，7°/15°/25°，4000K

3 檐口
   地埋灯：24W / 72W，30°，2700K
   地埋灯：32W，32°，2700K
   水底灯：19W，40°，2700K

4 陶板
   地埋灯：15.5W，25°，2700K
   地埋灯：13W，46°×50°，2700K
   投影机：≥ 23000lm，分辨率 1920×1200，画面宽高比 16：10

艺术馆·图书馆

1 屋顶
   光纤机：80W，5000K

2 檐口
   线型灯：13W/m，110°，4000K
   投光灯：50W，15°×45°，4000K

3 竹棍
   线型灯：12W/m，120°，4000K

景观桥

1 一湖两色桥
   线型灯：18W/m，120°，RGBW

2 亲水桥
   地埋灯：3W，15°，4000K

3 栈桥
   线型灯：14W/m，120°，4000K

4 景墙
   线型灯：18W，15°，4000K

5 植物
   照树灯：20W，15°/25°，4000K

试灯研究

如何为展览性园林布光？
怎样营造市郊风景区的夜色？

- 城市展园主要是古典园林风格，视觉上以传统园林氛围为主导。
- 用现代的照明手段，实现略带古代园林诗意化感观的场景是设计的追求目标。
- 现代园林为了大场景需求有时会把屋顶装饰性地照亮，主要目的是营造远视点上的繁华景象。
- 要注意谨慎地使用灯光照明设备，以免影响昼间园林的样貌。
- 展园的照明场景设计是在理解展园设计师造园的精神后，把园内公众获得的视觉感受统合为夜间的视觉场景。
- 用光描绘从大场景到局部场景的空间关系，展园需要大尺度场景规划。
- 游人的平视角构成平远场景。采用适当的立面照明，应用平素质朴的手法，欲扬先抑，定义平远的灯光表达。
- 高远场景主要针对园区制高点和地标建筑进行重点照明。在亮度上区别于其他建筑，增加高远的空间感。
- 深远场景体现在进深感上，即前后层次。各个层次在平视角度调节光的强度和位置，显隐交织。对最远端的建筑屋顶进行重点照明，进一步强化深远的视觉度量。
- 俯瞰场景主体建筑用光的强度大，用光部位多，次要建筑或廊道相对简约。

1 远观十三园夜间样貌

设计思考

展园是要考虑夜游的。追溯传统，户外布置灯光以及夜间赏灯从油灯时代就开始了。《周礼·秋官》："司烜氏，下士六人，徒十有六人。""掌以夫遂取明火于日，以鉴取明水于月，以共祭祀之明粢明烛，共明水。""凡邦之大事，共坟烛庭燎。"说明当时有重要活动，院内院外都要掌灯，而且有专人团队负责。

上元节是灯节，观灯后来成了习俗，观灯伴随着游街游园。宋人有很多形容上元夜观灯场景的诗。宋代何澹诗："灯万盏，花千结。星斗上，天浮月。"宋代胡仲弓："月挂墙头杨柳枝，繁灯烂漫玉琉璃。"清代《乾隆帝元宵行乐图》轴中，细致描绘了架灯塔赏灯游园的场景，说明传统苑囿景观夜游的古老形式是与赏灯结合在一起的。赏灯是官民同乐的一种方式，因此在古代也是有组织、有策划的，甚至是鼓励诱导的。《宋史·礼志》记载："自唐以后，常于正月望夜，开坊市门燃灯。宋因之，上元前后各一日，城中张灯，大内正门结彩为山楼影灯，起露台，教坊陈百戏。凡来御街观者，赐酒一杯。"

现代的灯光设计讲究与建筑等载体一体化设计，灯光是建筑的一部分，用灯光塑形尊重结构逻辑和空间需求。同时满足作为开放观览的园林可观赏性、戏剧性，也是经营方式的需求。从传统习惯看，屋顶是不会专门照亮的。现代园林为了大场景需求有时会把屋顶装饰性地照亮，主要目的是营造远视点上的繁华景象。

利用灯光本身的特殊魅力为园林景观的夜间场景增色，同时也要注意谨慎地使用灯光照明设备，以免影响昼间园林的样貌。城市展园主要是古典园林风格，视觉上以传统园林氛围为主导，灯光布局的原则也要以此为出发点。用现代的照明手段，实现略带古代园林诗意化感观的场景是设计的追求目标。单独依赖灯光发挥作用，采用更多的形式，比如城市灯光秀，或投影表演等，还需要有更深入的创作。

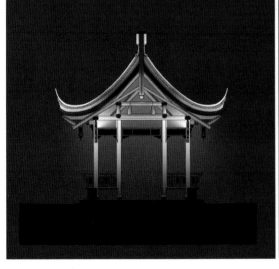

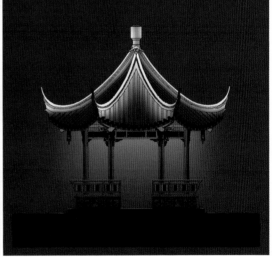

1 清《乾隆帝元宵行乐图》轴中观灯赏景的画面显示传统苑囿中的观灯习俗
2 在剖面上表达光的层次逻辑
3 亭子内部的结构与功能照明示意
4 一个亭子的装饰照明示意

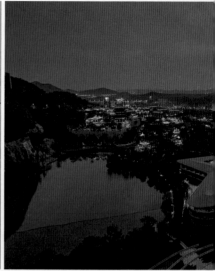

1 总平面布光与场景视线关系示意
2 十三园夜色。由于其博览园的属性，建筑群的用光对部分建筑相对强化了
3 景阳楼及周边组团夜景相对强化

城市展园十三园是传统风格的园林，属于江苏园博园的主体部分。照明规划设计的出发点是定义夜间游园的夜景，并满足游园的照度，营造夜间园林氛围，以适应游园及经营需求。照明设计将园区按平面区域设定了亮度关系，区分冷暖色温，定义色彩光以及动态光应用范围，以适应场景模式与层次变化要求。公众游园时既能欣赏公共空间区域，畅游体验十三园不同风格的园林，又可欣赏中小尺度下的夜景，体会中国园林的魅力所在。

本次照明设计工作包括项目解读、视线分析、场景构筑、照明指标设定、照明手法应用几方面，并指导实际项目的实施，开园后的夜景也成了园博园的重要景致之一。

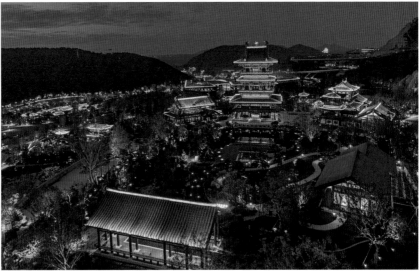

照明方式

展园的照明场景设计是在理解展园设计师造园的"三远"精神后，把园内平视、仰视、俯视、开敞、围合等视觉感受统合为夜间的视觉场景。用光描绘，从大场景到局部场景，如造园组景的诸多手法构成的境域、借景、对景、互景等观赏场景。

整观展园需要大尺度场景规划。大尺度场景是在大尺度远视距下的组景，分平视、仰视、俯视等。位置、高度、视距不同，感受都有差异，但可以认为是一个立体画面的不同观察角度。

游人的平视角构成平远场景。面向园区看去，沿线展开的扬州园、淮安园、泰州园的屋顶和立面，以及沿河的柳岸向两侧延伸，构成的平远场景。适当的立面照明，形成园区北侧的形象立面，应用平素质朴的手法，欲扬先抑，定义对平远的灯光表达。

高远场景主要针对园区制高点和地标景阳楼进行重点照明。在亮度上区别于其他建筑，增加高远的空间感。用退晕的泛光晕染景阳楼底部的城墙，以烘托楼阁的高远气势。

深远场景体现在进深感上，即前后层次。沿河庭院属于平远的第一层次，沿湖泽庭院属于进深的第二层次，城墙上的景阳楼主景及诸院落属于第三层次，崖壁对景属于第四层次，远山深奥属于第五层次，各个层次在平视角度调节光的强度和位置，显隐交织。对最远端的南通园、泰州园、徐州园和宿迁园的主要建筑屋顶进行重点照明，进一步强化深远的视觉度量。园区外左右两侧的酒店也是深远的场景，另做了专门的照明设计。

1
2
　　3
　　4

1 常态色温时的景阳楼。水面的倒影凸显了楼的高耸和园子的宁静
2 池边矗立的景阳楼屋顶施予色彩时的样貌
3 南通园内景。表现结构魅力，避免干扰庭院观景
4 徐州园的厚重风格与重彩的景阳楼借景融为一幅节日画面

登上景阳楼至高处俯瞰到的是一个大场景。各个园林的格局尽收眼底。十三园中的建筑主次不同，主体建筑用光的强度大，用光部位多，次要建筑或廊道相对简约，俯瞰视角也是灯光布局时的一方面依据，包括路径景观脉络场景。俯瞰各园子，每个园子的主要建筑屋顶会亮起来，加上院子里的灯光，增加空间体量感。

十三园包括位于山地区的徐州园、宿迁园；位于高台区的南京园、镇江园；位于运河带的扬州园、淮安园、泰州园；位于丘陵区的苏州园、无锡园、常州园；位于山海带的南通园、连云港园、盐城园。每个园林都有不同的景致，照明手法重点亦不同，同时又是整体场景的一部分。十三园的内景是近人尺度的景致，闲适停留之所。

南京园是十三园的视觉中心和园中主园，景阳楼高达30.8m。为了显示地标的存在感，屋顶与楼身光色施重彩，可金黄，可青绿，可淡雅，为节日游园增加可观赏性。此处通过对景阳楼和连玉阁的照明，以及缥缈山和蓬壶洲的刻画，营造蓬莱仙境。南京园的景观大致由南向北分为树景、水景、石景三个区域。树景区：采用低杆庭院灯对景观树进行照明，特别是西南角的乔木与后侧的毛竹的层次关系的表现。水景区：作为衔接树景和石景的水景区，除了对水中黑松假山和睡莲的重点照明外，在北岸设计了水中投光灯和雾森系统，用光雾联动和对驳岸假山的照明营造蓬莱仙境，并成为树景区的对景。石景区：这个区域采用草坪灯错落点缀在假山之间的通道上，凸显假山的体量感；同时对假山中的树景采用重点照明，与南侧的树景区相呼应。其他园根据各自的属性进行了适度的照明设计布局。

1 无锡园内静谧的夜间氛围
2 南京园景观建筑共同构筑的夜间
  风景，结构美与自然美融为一体
3 南京园的树木楼阁组景，园林的
  层次用光表达使夜色更丰富
4 南京园内建筑一角，建筑的内部
  呼应，立面质感，弱光的风景

照明指标设定包括照度、亮度、色温、色彩、动态光控制等方面。指标的应用要与场地场景结合，与环境亮度相匹配。展园地处山里，周边光环境较暗，设计时适当降低了亮度指标，既能体现优雅的意境，且达到对环境友好的目的。

按照夜景场景规划方案，对不同庭院组团进行亮度分区。南京园景阳楼为最高亮度建筑，且亮度控制在 20cd/m² 以内，其他建筑以此为比照递减至三分之一以下显主次。不同组团内亮度分层次，成为彼此的明暗映衬，让展园的光环境层次更加丰富与自然。

园区总体上以低色温暖光（3000K）为主，意在表现近人尺度的舒适休闲感以及园林建筑的古朴风格。只在高台区域使用了金黄光色温以及节日彩色光，还有高色温白光（5000K），与夜间天光的冷色形成反差或呼应。为了适应节庆时对彩光的需求，在广场区采用彩光 + 白光的光色方案。使用 RGB 三原色彩光与白光结合成 RGB+W 灯具，适应建筑照明、广场及树木景观照明。南京园景阳楼是地表制高点，除了色温的变化外，彩色可调可控。光色的选择与节日需求、场景配合相关，用智能光色控制系统控制。

照明方式与照明效果，风格密切相关。如何选择设备安装点、形式，牵涉到与环境的融合。一般来说，建筑的照明要隐蔽，功能性照明需要安装在地面上，要与环境协调且控制体量。当然利用反射等间接照明方式也能满足照度的场合，庭院类灯具就可以省略了。设计中牵涉到建筑水体景观植被路径等，布光需要综合平衡。

1 景阳楼的节日灯光样态

**主要灯具产品
及应用信息**

建筑

1　屋顶
　　LED 瓦楞灯：3W，40°，4000K
　　LED 投光灯：2W，25°，4000K

2　屋檐
　　LED 线型灯：12W，120°，2700K

3　立柱
　　LED 投光灯：3W，40°，2700K

景观

1　LED 庭院灯：30W，漫光 +60° 下照，2700K

2　LED 草坪灯：10W，漫光，2700K

3　LED 照树灯：6 ～ 30W，25° ～ 60°，2700K/4000K+G

4　LED 水下灯：6 ～ 12W，25° ～ 60°，3000K/4000K

试灯研究

建筑光影不仅是自然阳光对设计的馈赠，同时也是设计精确布光下的有表情的和精致的空间形态表演，建筑的经典和永恒与此相关。

王建国（建筑学专家，中国工程院院士）

上帝死了，这是中国经历近三十年的城市化后的一个不太令人敏感的结果，因为上帝不再是城市之光的主宰，而人才是。当我们在谈城市之光时，已经不是关于城市的白昼，而是城市的夜晚，在那个时段人类的想象力在宇宙的深处都能被窥视到。作者作为照明设计师有幸参加了这场上帝死后的盛宴，但在畅饮之时还是保持住了一种敏感，那就是在淋漓尽致的创意中依然有冷静的自律。

王辉（著名建筑学者，都市实践合伙人）

光让建筑有了灵魂，光成就了建筑。

吕韶东（著名建筑师，福建省工程勘察设计大师）

我坚定『玩灯是一辈子』的信念。

沙晓岚（著名导演，制作人，舞美灯光设计师）

创造人性化的健康人居照明环境。

郝洛西（著名光环境研究专家，同济大学教授）

城市中有光的地方，就会有相应的信息表达出来，城市景观照明规划是为了在理解城市的基础上，发掘梳理出需要表达的载体，进行城市光环境总体意象的营造。如用光表达城市天际线中优美的部分，突出地标；梳理城市空间的结构，表现城市的连续感，做城市空间的向导；通过光的强弱变化、色彩变化，光的场景操控，光还可以给城市以时间的感觉，增加城市的活力。

城市景观载体多样，桥梁在都市中是重要的景观要素，对其进行装饰照明的规划和设计时，应在尊重交通使用功能的基础上，本着对桥梁特性的理解，创造出符合城市特点的夜间景观，同时巧借功能照明设备使二者融合。

城市夜景的光是与生活相伴的光。一盏灯，就是一种生活的开启。在阳台上点亮一盏灯，联动的是城中万家灯火。灯光是生活的表象与表情，介于真实与装饰之间。没有人，可以有灯，这是表象装饰；有人，不可以没有灯，这是真实的生活需求。需求的光千变万化，你永远不知道住户会关掉哪一盏灯，在哪一天哪一时间。于是，都市的夜风景天天像算法似的不重样，既是熟悉的又是变化的。古希腊哲学家赫拉克利特曾经说"人不能两次踏进同一条河流"，昨天的夜景，注定与今天的不同。

城市夜景的光是意识到城市光容量的光。我觉得一个城市能容纳的光容量是有度的且可以测算的。生存环境要保护，人类还得置身于自然，或尽量维持自然状态才对。所以我们应该学习现代对碳排放认识的先进管理理念，全方位立体地看待人工光容量的问题，定义城市光容量。只有解决了城市光容量的问题，城市布光才有了前提，城市相互之间就不会再在亮度上较劲，就会回到理性上来。把光通量指标用到合适的地方，最需要的地方，载体选择就会择优而选，夜景建设才会适度。可以说，光容量管理是让城市夜景更美好的前提。

6

城市夜景

如何为城市夜景布光，如何把功能的光上升为景观的光？

- 光环境的基本定位不能脱离当地的生活、生态、文化等要素，需要因地制宜。
- 小规模城市核心景观区需要克制地分层布光：高位庭院灯光以洒向路面为主，反射光映照树木；低位灯出光照顾脚下，丰富景观层次，消隐灯具设备的存在感。
- 城市核心景观区需映射出城市文化内涵并与生活规模尺度相匹配。
- 区别城市不同区域的光环境需求，是功能性还是景观性。焦点景观，例如景观桥，根据城市规模，做适度的表达，不要过于夸张而损害本体自然景观的美。公园景观将文化融入市民休闲生活，以素淡优雅为主，引导性灯光酌情布置。
- 城市夜色的美基于城市本体的景观，更基于日常生活的场景，节日里的张灯结彩缘于平日里的素雅。

1 江山是山清水秀、生态宜居之地
2 江山市景观核心段，一江两岸，风景尽在山水间

设计思考

江山市是个有山水、有生活、有人文、有生态的中小型城市，地处浙江省南部。针对该市重点区域光环境规划及场景设计的基本定位，我们觉得不能脱离当地的生活、生态、文化等要素，需要因地制宜。

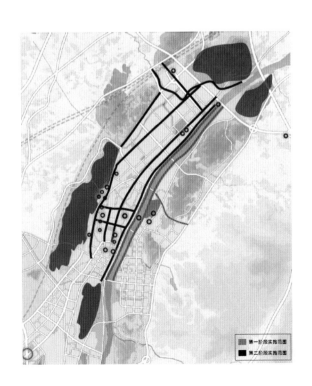

功能光需求生成的夜景观，把为生活者服务的光作为出发点

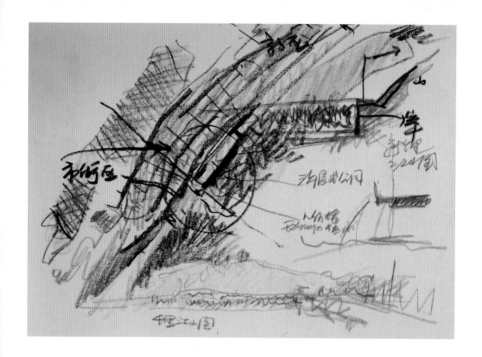

照明方式

项目范围以须江两岸中心段约 6km 为核心，自迎宾大桥起至虎山大桥段止。

有河流经过的城市充满灵性与秀美。须江是江山市的母亲河，曲水穿城，城市沿江拓展，一侧主城区，一侧山水公园。河岸高低双层步道，可亲水，亦可漫步或急行。两岸又有多层次的绿植，成为宜人的景观带。方案分层布光，高位庭院灯光以洒向路面为主，反射光映照树木。为此，专门设计只有下照光光路的灯具，摈弃了自发光庭院灯产生眩光影响行人的缺点。低位灯依附栏杆，嵌入安装，出光照顾脚下，余光轻染绿篱，丰富了景观层次，消隐了灯具设备的存在感。

因两岸地势存在高差，护岸有几米的垂直面，从一侧观对岸的护岸，是完整的观赏面，夜晚也可以成为画面。于是由名生意，决定做一幅千里江山图，当然国画那幅图并不是发生在这里，也可能是广域山水的浓缩。我们创作了一幅江山市的千里江山图，用灯光、用图案灯设备以光绘图，完成后还确实有一点壁画的味道，画面映射江水波光粼粼。

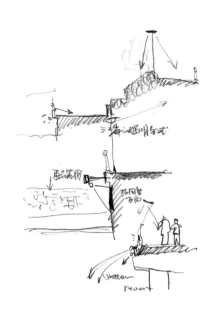

1 岸边照明方式草图示意
2 城市核心区沿江两岸布光的策略。将人流活动区与景色塑造区分布两岸，利于观景与成景
3 水岸景观用灯光点缀，在水岸形成简约的景观，低位的布光，对环境是很亲和的策略
4 悠闲散步，用光体现脚下关怀
5 漫步快跑皆宜，用光照亮路面。设计有意回避了灯头自发光的形式，使光聚焦路面和环境

1   2   3
      4
      5

水岸另一侧公园最高处的须江阁是城市的地标，也是历史文化的标志，是鸟瞰城市的制高点。以须江阁为标志，山体、树木、岸线、水面共同构成江山市的城市代表景观名片。夜晚，阁亮起，树木、山体彩光渲染，垂岸一幅千里江山图融入画面里，夜色中的江山又增魅力。主城区一侧水岸，以打造行人步道宜人光环境为主，另一侧则以塑造江山夜景为主，方便隔岸观赏。

江上核心为一座观景步行桥，叫游览桥。桥面宽阔，适于观景、休闲与购物。平日居民多聚集，是音乐、戏曲、舞蹈爱好者的乐园。方案两侧设置了喷水瀑布，跨江延展，桥板下藏染色灯，使喷水时而成彩虹，时而淡色优雅起舞。作为焦点景观，与对岸千里江山图和须江阁、山体、树木组成壮丽景观。对于江山规模的城市来说，这样适度的表达就应该够了，我想不必过于夸张而损害本体的美。江山很美，江山夜色亦须适度美。

1 水岸、山林、须江阁、堤岸，策划一幅新千里江山图
2 新创作的千里江山图卷与江、山、阁融为一体
3 喷水的桥体成为视觉焦点。这是一座人行桥，平日里休闲、散步、商卖的人流聚于这里，很热闹，光照水喷的景观成了新亮点
4 喷水柱动态优雅，在水面上泛起涟漪

1 近观须江阁，用光表现结构秀美
2 须江公园分布了很多景致景点，山上公园很幽静，照明用光也要很克制
3 公园内景的照明适度克制，景观的魅力反而更凸显了
4 廊亭、框景、夜景如画，上下的光提供内部照明，同时不阻碍远望风景

1 | 2
3 4

从游览桥信步过对岸，正好进入须江公园大门牌楼。由于山中公园的缘故，景致更多沉静式洄游。山回路转，小景致随路径展开，休闲散步中可体会不一样的自然情趣，曲桥幽泉。梅泉、雪泉、须女泉，传说故事连篇。老者把玩木偶戏，壮年扎起鱼灯游，公园夜色里将传统文化融入了市民的休闲生活。内湖池边，设雾森柔化景观，灯光朦胧。几处场景，皆以素淡优雅为主，不做非日常的过分操作。公园内散漫而行，引导性灯光适情随机布置。

城市夜色的美基于城市本体的景观，更基于日常生活的场景，节日里的张灯结彩缘于平日里的素雅，设计者首先要把握好这个度。

1 山中景色简约却梦幻，用光少且柔
2 景观点用雾森柔化光意境
3 观景对景互为景色，用水的倒影融合为一体
4 用小型投影仪演绎当地的传统故事，形成景观的汇聚点

```
1
2
―――
3
4
```

主要灯具产品
及应用信息

两侧景观

1 功能照明：LED 步道庭院灯，40W/20W，140×70°，3000K
　　　　　LED 栏杆灯，3W×4，60°，3000K

2 景观绿化照明：LED 投光灯，12W/24W/50W/72W/96W，30°/60°，2700～5700K

千里江山图

1 LED 图案灯，150W，电子变焦，20°～40°，6500K 基准色

2 LED 立杆投光灯，300W，10°×30°/30°，WRGB

桥梁

1 LED 扶手灯，2W，偏配光，3000K

2 LED 桥侧瀑布及喷泉灯，48W，30°，WRGB

须江公园

1 水幕投影：激光高清激光磷粉，1600W，20000lm，变焦透镜，垂直 ±55%，水平 ±20%

2 景观树：LED 立杆投光，120W×2，30°，3000K

3 须江阁：LED 投光灯，6W，15°，3000K
　　　　LED 投光灯，9W，30°，3000K
　　　　LED 线条灯，18W/m，36W/m，30°，3000K

4 定制小品：LED 漂浮灯，9W/ 组，120°，3000K
　　　　　LED 造型船灯，36W，120°，3000K
　　　　　LED 鱼灯，12W/ 组，120°，3000K
　　　　　21L 雾森水泵，电机功率 4000W，4 极

试灯研究

如何为有自然景观和人文景观的观光城市布光？

- 近尺度的自然山体照明采用泛光的形式，用光色呈现春夏秋冬四季变换，让山体成为夜游的观赏聚焦点。
- 江上的桥梁照明要用光影要强化桥梁的形体，丰富夜色。桥梁在水上的形体和水中倒影也是值得品味的夜景。
- 江两岸的景观照明连续布光延续水景形态，在空间上串联起山体、建筑、桥梁以及城市。
- 水中乘船和岸边行走是两种游的形态，对光的感受与需求却不同，布光要二者兼顾。
- 景观的戏剧化表现和本色出演都是重要的夜色场景。

1 大鸟瞰，策划柳州夜景大场景特色

设计思考

柳州，又称龙城，广西第一大工业城市，一座具有两千多年历史的古城。市区青山环绕，水抱城流，有"世界第一天然大盆景"的美誉。"城在山水园林中，山水园林在城中"是柳州的形象写照。

照明方式

山体照明：柳州的山具有典型的喀斯特地貌特征。蟠龙、马鞍、驾鹤三峰横列，临江耸立。其中蟠龙山拥有亚洲最大人工瀑布。照明采用泛光的形式，呈现春夏秋冬四季变换，成为柳江夜游的聚焦点和游客驻留观赏的打卡地。

桥梁照明：柳州被誉为桥梁博物馆。横跨于江面的9座桥梁各具特色、风格迥异。光影强化了桥梁的形体，丰富了柳江的夜色。桥梁的照明不仅连通市民的生活，更见证城市的成长，尤其桁架结构的铁桥，是近代工业的象征。

景观照明：两岸景观是市民游客休闲、散步的场所，连续带状照明勾勒了柳江形态，更在空间上串联起了山体、建筑、桥梁的互动。亭台楼阁的细节刻画，提升了夜游的品质与趣味性。

自然山水景观，城市人文景观，皆成为夜游的布景

1 城市整体光环境布局以夜景观和夜游为目标，草图示意
2 平面布局，以柳江为带，移动视点，布光两岸，成为夜间江上游的画卷，表达柳州独一无二的自然人文风貌，
  树立城市夜游的典范
3 游船码头，兼顾江上游岸线景观与岸上商业及生活氛围的营造
4 全景，完成后的柳州核心城区景观照明热烈且错落有致，有都市的繁华，有自然的夜色美景
5 改变颜色，山水风景更梦幻，有戏剧化的舞台衬景
6 特殊的地貌山形是该地区的特色，以光为墨预设画卷，成为夜游名片

1 2 3	4
	5
	6

1 广雅桥平日里是淡雅的色彩
2 广雅桥的桥梁结构是最美的，光的渲染目的也是表达结构美
3 文惠桥桥梁突出结构色彩，预设倒影后的画面构图
4 文慧桥，实现后的红色拱桥更空灵且光色饱满，倒影摇曳于水中
5 红光桥索桥优雅的链条如项链跨两岸
6 岸边的夜间散步是城市生活的一部分。满足脚下的用光需要，安心舒适。远眺有景观，心情愉悦。
7 东门、古建筑的历史感，材质，细部是设计的要点，夜景塑造的重点
8 古建塔，亭是景观的重要点缀，表达要完整
9 历史建筑及石垣用光表达质感与性格，满足功能光的需求
10 染树是岸线景观的重要部分，江上游的看点。人在景观中，细节与人文关怀也很重要
11 沿岸景观兼顾近人尺度的感受，避免眩光，关注细节与照明需求

1 3	6 7
2 4	8 9
5	10 11

柳江夜景的提升，很好地展现了柳州当地的历史文化和地域风情，极大地促进了当地旅游业的发展，更是为广西添加了一笔浓重的色彩。

1 蟠龙山完成后的山形地貌形成独有的柳江风景线

主要灯具产品
及应用信息

桥梁

1　投光灯
150W，10°，WRGB，配防眩光遮罩
72W，40°，WRGB，配防眩光格栅
36W，10°×65°，3000K，配防眩光遮罩
18W，15°×42°，3000K
3W，10°，3000K

2　线条灯
72W/m，10°，3000K
36W/m，10°，3000K
18W/m，30°，3000K
10W/m，30°，3000K

山体

1　立杆投光灯
580W，30°，WRGB，配防眩光遮罩
580W，15°，WRGB，配防眩光遮罩
180W，60°，WRGB，配防眩光遮罩

景观

1　投光灯
162W，30°×65°，3000K，配防眩光遮罩
72W，30°，3000K，配防眩光遮罩
36W，60°，3000K
18W，30°×65°，3000K
9W，10°，3000K
3W，10°，3000K

2　线条灯
24W/m，30°，3000K
18W/m，30°，3000K
10W/m，30°，3000K

3　水下灯
20W，40°，3000K

4　投影灯
160W，64°×36°，7500K

建筑

1　投光灯
162W，5°，3000K，配防眩光遮罩
36W，30°，3000K，配防眩光遮罩
18W，30°，3000K
9W，40°，3000K

2　线条灯
36W/m，30°，3000K
18W/m，30°，3000K
10W/m，30°，3000K

3　点光源
3W，120°，3000K

试灯研究

如何通过城市的夜景照明规划与设计打造一座城市的 ID ？

- 城市的夜间照明设计首先要立足于生活，同时提供安全舒适的出行环境，表现城市中有价值、有记忆、值得骄傲的景观与建筑，供人们夜游品味。
- 灯光依附于载体，却作为烙印刻在人们脑海中，我们应去维持它作为可持续的存在。
- 就城市空间色温的层级关系而言，舒服的光一定是底下亮、上面弱，底下暖、上面冷。
- 规划设计中以色温变化展现城市的理念，同时对亮度要求全面降低。亮与暗是对比出来的，不是绝对值。这样做既节约能源，又能细腻地展现城市载体特色。
- 灯光要作为文化礼仪之邦精神传承的媒介，有客自远方来，如何点亮迎宾之光也是表达友谊的态度。
- 建筑照明要表达建筑逻辑的美，直至细节。
- 多层的古典建筑是暖的感觉，高层的现代建筑表达厦门的清凉感觉。只是通过色温变化，让街道浑然一体。

1 色调统一的建筑体现用光整理城市街道的策略

设计思考

2016—2017 年，经过近一年的方案设计和现场监理工作，厦门市的城市夜景提升成果亮相于市民及游人面前。我们欣喜地看到厦门由于夜景的展现得到关注度的提升，让市民更喜欢夜晚休闲出行，让游人多在夜景前驻足。

厦门市重点片区夜景照明提升范围包括了"一线""三片""四带""四桥一隧"等主要内容。"一线"是指机场—环岛路—鹭江道—邮轮码头。具体包括北起机场、枋钟路、环岛东路、环岛南路、演武大桥、鹭江道，南至湖滨西路（含中山路）、轮渡广场—邮轮码头的岸线周边含护岸、重要建筑立面、重要节点等。"三片"即五缘湾片区（北起环岛东路，东至钟宅路，南至五缘湾道，所围合区域含桥梁、道路、护岸、重要建筑立面、水体等），会展中心片区（北起吕岭路，西至环岛干道，南至会展南路，东至环岛东路，所围合区域含道路、重要建筑立面等），筼筜湖片区（北起湖滨北路，东至莲岳路，南至湖滨南路，西至湖滨西路，所围合区域含桥梁、道路、护岸、重要建筑立面、水体等）。"四带"是指鼓浪屿海岸带（环鼓浪屿岸线及全岛区域含护岸、重要建筑立面、重要节点、山体等），海沧湾海岸带（南起崇屿码头，北至海沧大桥，含护岸、重要建筑立面等），集美学村海岸带（北起集美大桥，南至厦门大桥，含集美学村岸线周边区域，以及集美大桥杏林端至高浦路之间岸线，含护岸、重要建筑立面等），刘五店海岸带（南起翔安大道，北至翔安南路，含护岸等）。"四桥一隧"包括海沧大桥、集美大桥、厦门大桥、杏林大桥和翔安隧道。

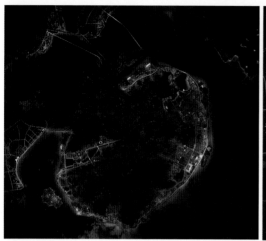

对于一个城市的光环境及夜景的定位是我们多年来关注和探讨的课题，借助厦门的契机，获得一次深入实践的机会。我们认为城市的夜间照明设计首先要立足于生活，同时提供安全舒适的出行环境，表现城市中有价值、有记忆、值得骄傲的景观与建筑，供人们品味。同时灯光要作为文化礼仪之邦精神传承的媒介，有客自远方来，如何点亮迎宾之光也是我们表达友谊的态度。灯光依附于载体，却作为烙印刻在人们脑海中，我们应去维持它作为可持续的存在。厦门给我们的印象是岛屿、山、海、花、树，重要的景观视觉点是海与岸的交界线。海水深入本岛以后形成海湖，湖岸是市民钟爱之所，包括五缘湾、筼筜湖。在船上回望城市，还能在动态中绘出城市的轮廓线。这些构成了厦门城市未来景观照明的方向。

城市照明要立足于生活，我们要做的不是去创造一时的繁华。

如果仔细观察一下的话，生活的光与人的距离是比较近的，一般是在脚下。在很多国家的城市中漫步能发现这一点。街道之光是生活之光的出发点，街道地面有了光之后，出行就会很舒服，给人安全感。寻找厦门的灯光特质时，首先关注的是人生活的感受，比如色温的冷暖。光离人越近越暖，离人越远越冷。天空是蓝色的，冷的，太空更冷。人行道上的灯也是很低的。从天空看，街道在温暖祥和的气氛中。这是城市空间色温的层级关系，舒服的光一定是底下亮、上面弱，底下暖、上面冷。同时与远望海洋的深邃感是一致的。

照明方式

厦门夜景建设中赶上了金砖五国的国际会议。在会议期间如何点亮迎宾之光？我想到用光的金色来表达是这次会议迎宾的概念。迎宾之光最重要的核心部分是主会场——国际会议中心和会展片区。用金色的光突出庄重的仪式感，表达对与会国的尊重与重视，也象征性地表达了金砖会议的概念，在中国传统文化中金色是一种尊贵的颜色，同时与经济关联。

12 | 3 4
　　 5

1 厦门重点片区照明规划总图
2 筼筜湖、鼓浪屿、海沧岸线布光形成连续的夜
　景带
3 会展中心的挑檐下隐藏了灯具及管线配电控制
　系统，最大限度地尊重现有建筑的结构逻辑
4 金砖会议期间的会展中心以璀璨的金色迎接宾客
5 会展片区整体笼罩在金色的光之下

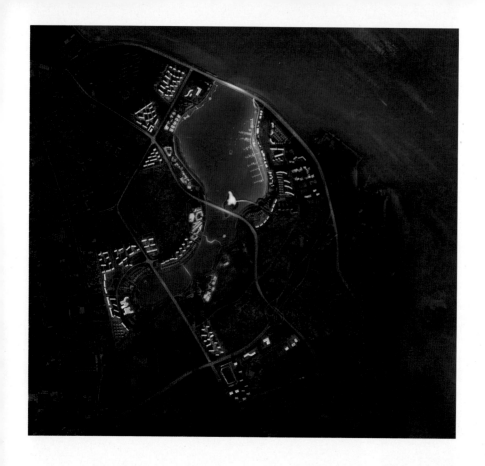

金砖五国用五种颜色分别代表南非、印度、巴西、俄罗斯和中国。在厦门岛上有个叫五缘湾的地方，而且五缘湾上架了五座桥。五缘在中国是代表非常好的寓意，五缘引来五个国家的贵宾，因此我们把五缘湾变成了象征五个国家友谊的有缘湾。每个国家献上一座桥，我们把南非的染成金黄色，印度的染成橙色，巴西的染成绿色，俄罗斯的染成蓝色，中国的染成红色，这些颜色也是民众喜闻乐见的颜色，这是我们对景观在特殊事件中的理解。这五座桥在白天看没有什么特别的意义，简单点亮的时候，只是结构的美，但是赋予颜色的时候，它就是一个国家的象征。五缘湾，五座桥，横卧在水中，通过倒影形成环的闭合，非常能够表达我们的文化。

还有很重要的地方就是鼓浪屿。为什么鼓浪屿会成为世界遗产，它的价值是什么？我们如何用光把价值表现出来？站在日光岩看厦门本岛，透过红顶绿树将本岛城市轮廓线尽收眼底，灯光亮起来的时候，它就是厦门的夜景名片。鼓浪屿的街道很美，建筑、围墙、花窗、树木、石阶。用路灯及投光灯把这些打亮就非常优雅，形成光的通廊指引前行。路灯的形式不必杜撰，结合历史老照片中的路灯形式进行现代的改造，恢复发掘原来的历史面貌，灯具设备增加了街道的价值。

1 2 3
————
  4

1 五缘湾与五缘桥的灯光概念表达五缘湾有五座桥。桥通常会有连接的纽带意义，因此桥会作为友
  谊的象征。用五座桥的灯光色彩象征金砖主宾五国的友谊是恰当的灯光文化意义表达。
2 红色的桥是中国的象征，光色热情祥和。
3 通体的红色渲染既为了展现中国红色，也是对桥梁结构及力学的忠实表达
4 蓝色的桥是献给俄罗斯的礼物，由于其造型的特色，厦门人亲切地称为双眼皮桥，此桥的夜景
  亮相后引来了不少摄影迷。

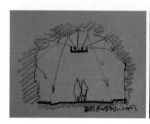

1 与鼓浪屿作为世界文化遗产相适宜的景观照明
2 鼓浪屿步行隧道的照明方式改造为间接出光
3 鼓浪屿中的步行隧道，由于灯光的存在增加了安全感和趣味性
4 轮渡片区，平日里素雅的光
5 集美的嘉庚风格建筑是厦门的瑰宝、华侨爱国的象征，是灯光表达的重点。传统的燕尾脊，近代的洋风立面，
  水岸倒影，共同构成经典的画面
6 鹭江宾馆的细节在近人尺度上做细腻的表达
7 鹭江道是厦门的外滩，近代建筑的厚重感和现代建筑的飘逸有机融合在一起突出厦门特色
8 筼筜湖静碧的公园环境中提升女神的城市象征意义，用灯光演绎鹭岛传奇

1
23
45678

1 海悦山庄的水景柔和自然
2 上山的步道设置脚下的光，可轻松赏月观景
3 沿湖面的散步廊补足内侧的光，在水面上形成长轴画卷，收敛的光使景致更优雅
4 山庄的客房分散低矮宁静，布光是点缀性的，除了入口欢迎的光略强调外，夜色也是互隐的状态

厦门的海岸线、码头，这样的慢行系统是城市的重要特色，除此之外，跨岛跨湖的桥梁是交通道路，也是景观。比如海沧大桥，像珍珠项链一样连接海沧，璀璨的光点在海上放射光芒。 集美大桥因为要满足航道要求，路面有高低起伏的曲线，用光展现其优美如长虹卧波。

城市建筑的美在哪里，我们需要寻找建筑的逻辑。厦门有著名的嘉庚风格的建筑，建筑上面是中国古建筑风格的顶，立面是南洋欧式风格，这是厦门的建筑文化积淀，我觉得建筑照明要表达建筑逻辑的美，直至细节。

厦门是白鹭的故乡，这里自然与生活融为一体。厦门的灯光颜色不应该完全是暖色的，也应该清新自然，同时展现城市的景观价值所在。厦门的鹭江道就是厦门的代表，相当于上海的外滩。有现代的建筑，也有古典的建筑。我们觉得多层的古典建筑是暖的感觉，高层的现代建筑表达厦门的清凉感觉。只是通过色温变化，让街道浑然一体。

厦门海悦山庄是高规格的接待酒店，由酒店、山庄、水苑三部分组成。建筑为简约的偏中式风格，背山眺海，远离城市喧闹区，自然幽静。山庄部分植物茂密，又多珍奇树木，环境宜人，鸟语花香，曲水流淌。2017 年金砖会议期间，我们接受委托对整体环境照明做了提升设计。山庄的建筑散落于丛林之中，稳重，静雅和谐。照明的提升包括了路灯、庭院灯光效及舒适性的改造，还有建筑形态的表达、景观造景的灯光表达。山庄部分关注照明品质，私属性与仪式感并重。对区域内的植物水系造景以弱光显现魅力，同时最大限度地关照鸟类的栖息。山庄建筑相对分散，有克制地突出入口迎宾之光，重点表现景观的轻松氛围，控制眩光。照树灯选用可调角度射灯，以适应不同的树冠，色温设定为 2700K 暖光。

1 用微光照出树的形态且顾虑自然生态
2 用光塑造建筑体形和环境氛围
3 中央建筑用光工整大方,满足接待要求
4 新场馆与连成整体的会展片区融为一体,为区域夜
　景贡献力量,建筑是增筑,光是延续
5 用光建立立面的层次。每个部分都有不同的构造与
　材质,光要深入细节,光要彰显质感与气质

金色是尊贵的颜色，金色的光更辉煌。在厦门金砖会议期间，我们用金色欢迎尊贵的客人，诠释经济的内涵与意义。第 28 届中国金鸡百花电影节又与厦门结缘。作为电影节的主场馆照明设计，我们希望延续"金色丝带、五彩厦门"的城市总体夜景建设风格，将场馆融入城市脉络，与金砖五国主会场建筑、会展 CBD 中心、环岛路夜景景观带成为一幅完整、优美的夜色画卷。彰显"今夜星光璀璨，金鸡啼鸣，百花齐放"的节日主题气氛，再写金色璀璨，再续金色辉煌。

主场馆与会展中心建筑群相连，与厦门国际会议中心相邻，在光色选择上，屋顶用混光实现金色，立面 2700 ～ 3000K 暖色温与金色和谐过渡，与会展建筑群和谐成为一体。具体照明方式为顶部分层次采用剪影式表现手法照亮空灵的闽南风格格栅结构，调节横纵结构由于弧度产生的亮度差异，丰富灯光层次和韵律，达到张弛有度。灯具与建筑结构镶嵌融合暗藏，不同功率、配光的洗墙灯均匀照亮挑檐内部顶棚钢结构与建筑墙体，形成剪影式灯罩透光效果。

廊道空间结合场馆室内透灯光，立面玻璃窗花照明，廊道立柱顶部檐板反射光（2700K），嵌入式偏光洗墙灯 (2700K) 由上至下柔和照亮廊道内墙（建筑室内采用纱织窗帘消除灯具发光镜像），裙楼镂空天井、屋檐反射的金色与立面暖色灯光配合，形成质感肌理空间的呼应融合。

建筑立柱气势宏伟（高度 19.6m，宽度 4.5m），采用线型偏光地埋灯（2700K）照亮立柱 2/5 以上柱身石材面，表现立柱的挺拔与序列感。作为节日场景，屋顶挑檐部分嵌入星光点光源，随机闪烁，点明金色璀璨的主题。

夜色下，大气恢宏的场馆与华丽充满活力的电影人相互映衬，记录着属于厦门的故事。

厦门夜景规划设计回归了以色温变化展现城市的理念，同时对亮度要求普遍降低，希望厦门整体不要太亮。亮与暗是对比出来的，不是绝对值。这样做既节约能源，又能细腻地展现城市载体特色。城市景观照明是一个复杂的系统，需要全社会的关心，形成良性的发展，理念和手法也仅仅是局部的表象而已，希望光景观也是一种永续的景观。

1 主场馆的檐口及廊下用光刻画建筑设计细节
2 柱子用地埋灯突出柱的立体感
3 入口的光自然明亮

123

主要灯具产品
及应用信息

海悦山庄

1　建筑
投光灯：9W，30×60°，2700K，DMX 控制
线型洗墙灯：12W，30×60°，2700K，DMX 控制
线型洗墙灯：12W，30°，2700K，DMX 控制
线型洗墙灯：18W，60×100°，2700K，DMX 控制
云石壁灯：24W，漫射光，2700K
壁灯：3W，2700K
地埋灯：8W，7°，2700K

2　景观
线型灯：6W，120°，2700K
照树投光灯：15W，可调配光（5°～60°），2700K
照树投光灯：6W，可调配光（5°～60°），2700K
投光灯：3W，13°，2700K
投光灯：3W，30°，2700K
柱头灯：6W，定制灯罩，2700K
草坪灯：6W，2700K
3.5m 庭院灯：12W，定制漫射灯罩，2700K
7m 庭院灯：20W，定制漫射灯罩，2700K
5.5m 道路灯：40W，60°，2700K
登山步道灯：0.24W，120°，2700K
水底洗墙灯：18W，23×48°，3000K
水底灯：4W，25°，5000K
水底灯：12W，15°，5000K
水底线型灯：12W，120°，5000K

金鸡百花奖主场馆

1　屋顶大唐檐口
顶部檐口结构架位置 LED 线型投光灯：36W/m，11°×23°
一、三层穿孔板雨棚位置 LED 线型投光灯：48W/m，11°×23°
顶部穿孔板 LED 光源：3W，120°
顶部穿孔板 LED 光源：0.75W，120°

2　廊道
廊道内壁立面照明 LED 线型投光灯：36W/m，WF48° 的非对称偏光
一层顶部挑檐横梁位置 LED 线型投光灯：18W/m，60°×100°
立柱两侧 LED 线型地埋投光灯：65W/1.2m，10°+ 拉伸
雨棚上照 LED 投光灯：48W，10°×60°

3　景观
绿植 LED 照树灯，36W，15°×25°
路畔 LED 草坪灯：7W，蝠翼道路配光

试灯研究

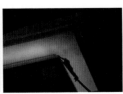

如何创造符合城市特点的夜景？
如何为同一座城市中的不同区域
布置恰当的光？

- 照明总体规划策略顺应城市的规划、文化、历史特点，崇自然，近历史，品生活，察商贾，眺未来，去寻找合适的布光路径。
- 自然景观，如山体的道路布光要维持山体的暗天空环境。
- 为湖、内河及古城坊巷布光，强调内敛的低位照明，展示自然人文底蕴。
- 市内商圈道路街区，用光促进商业的繁荣，用光提供生活的便利，用光塑造城市的品质，标识的光、展示的光、建筑逻辑表现的光、功能的光综合应用。
- 城市夜景的布光层级：从无到有，从少到多，即自然之光、生活之光、迎宾之光。
- 自然景观中的道路布光原则：首先是灯光对自然植物、生物的最小限度的影响；其次是营造夜行步道的安心感；再次是亮度的控制要便于人们在幽静中感受城市建设的繁荣辉煌。
- 平坦的路面不需要多高的照度，不需要严格的均匀度，但是不希望看到光源，做法是巧妙地将灯具隐藏在底部结构中。

1 登山望城是观夜景的最好方式，在自然的位置看人间生活的烟火气，体味城市的魅力

设计思考

福州是个古老的城市，冶城、子城、罗城、外城，自汉至宋不断拓展，明代又添府城。福州的新时代建设也蓬勃，现在古城已似今城中缩微象征的模型。

福州是个名人辈出的地方，自唐至清，福州籍进士有 3600 多人。近代则有林则徐、沈葆桢、陈宝琛、黄乃裳、林纾、刘步蟾、严复、萨镇冰、林旭、林觉民、侯德榜、林祥谦、郑振铎、谢婉莹、林徽因、邓拓、陈景润等，文化的自觉和思想的进取交织于一体是福州人的品格特征。

福州是个有文化、有生活的地方，琴棋书画，衣食住行，三坊七巷，居者与游者共处。城区就有三山：乌山、于山、屏山。有多水：西湖、东湖、白马河、晋安河、闽江、乌龙江，直至大海。饮茶有誉海内外，美食更有佛跳墙，文人墨客中西混搭。反正生活都与文化沾边，日常的品茗是生活、是生意，也是情怀。

福州是个开放的地方，纳古今，亲朋好友通海外，上下杭游人如织，夜生活丰富多彩。

因此在福州照明总体规划的时候，采取的策略也顺应了这些特点，寻找合适的布光路径。从自然的静谧，到都市的繁荣，渐次为城市夜色、夜生活增加添彩的布光量。

文旅的光，数字经济，铸就城市的夜色格调

历史街巷，山水交融，闽江两岸，商贾繁荣；生活的光，

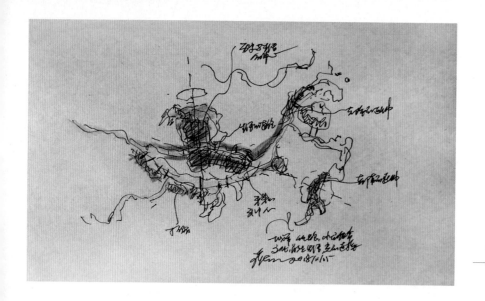

1 在大尺度上画一幅城市游的草图，山脉水脉城脉一目了然
2 福道盘山，夜登观景者需要脚下的光
3 有历史、有文化的街坊表达也应是含蓄的，那些像波浪的山墙面就像生活与城市的发展起起伏伏

从福道登金牛山至顶可以览全城观景。山上控制用光，只于福道路径上设置步行者脚下的光，创造观星赏月的生态之地，维持山体的暗天空环境。

湖、内河及古城坊巷，强调内敛的低位照明，展示自然人文底蕴，街市徜徉。光用在街巷内部空间广场，与路对话，与湖戏影，对弈榕树下。街巷挂壁灯，近尺度服务于人。闽江是大尺度的江面，贯穿城市，需要表明畅游与开放的态度，需要打造夜景的热烈度、亮点，欢迎客人的到来。于码头、岸线、树木、道路、城市公共设施、沿岸建筑全方位发挥灯光的作用，为游江游城助力。

市内道路街区商圈组团，用光促进商业的繁荣，用光提供生活的便利，用光塑造城市的品质，标识的光、展示的光、建筑逻辑表现的光、功能的光综合应用。公共空间公园广场是城市的会客厅，市民的同乐园。像五一广场平日里是老百姓活动的广场，又有南侧的福建大剧院，生活与演艺交织在一起。我们觉得生活就应该载歌载舞，将市政环境与生活的快乐连接起来，于是把剧院的立面灯光演绎，策划参与广场的活动。

总结福州城市的布光大层级有三：暗天空保护区域，内敛的生活照明充实区域，欢迎宾客到来的热烈区域。从无到有，从少到多，即自然之光、生活之光、迎宾之光。

从山上欣赏福州城的夜景，夜色中，可以看到背景的山，亮起的白塔乌塔，街道蜿蜒的光脉络（路灯的光、车行移动的光、各类信号的光、广告标识的光、建筑外表装饰的光、室内生活空间的光），月光下，星光烁，天上人间景色争辉。

夜晚在街巷里穿梭（老街的巷，步行的桥，交通道边的逼仄小店，改为咖啡馆的几进院老宅）各有不同氛围，是商业，是休闲，是赶路，是偶尔驻足，体验即生活，灯光下吃一碗肉燕小馄饨，与小店主几句交流，时光就在不经意间掠过。

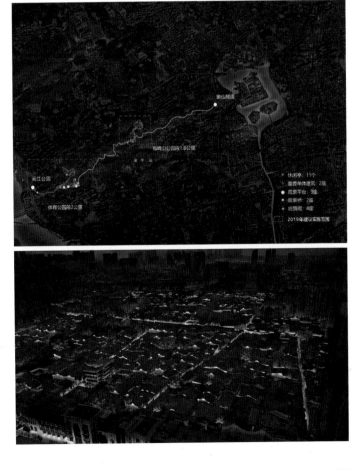

1 白马河的小尺度水系宛若油画般呈现，到这里显然是画中游
2 树影婆娑，人们在幽光下不慌不忙
3 大榕树夜间成了夜色光的舞者
4 石桌石凳和界定空间范围的光

1	2
	3 4

城市中的小河道是幸福的水系。漫步河边，两岸的风景为你展开，白马河似油画风景，将光像油彩一样泼上去成画。晋安河边小船荡漾，风雅人家，门前挂着的串灯，家里客厅的吊灯，把生活的光洒到了水里。

西湖公园里下棋、喝茶、采荷、漫步、闲散停留。石桥、石桌、石凳，柔柔的灯光落下，一派祥和。西湖边上的小岛有很多庞大的榕树拖着根须，地面上散落着石桌石凳，石凳上坐着闲散的老人，也有小孩在玩耍。在这里布几片光，相当于界定了场地，引导人们来到这安适的空地上。人们不急着来，也不急着离去，光的亮度也不必太高，也不需要那么好的均匀度。近水的平台在低矮护栏下藏了灯，光照地面，夜晚有了安全的边界和景观的边线轮廓。

广场的曼舞，是幸福的流露，是钟爱城市的情怀。五一广场上的广场舞，是老年人生活的快乐旋律，广场的夜环境提升，是对生活的尊重。

城市的高层建筑定义城市的天际线。世茂大厦是城市中心的地标，也是夜景这支小夜曲的指挥棒。而城市建筑按类型、用途、地点、位置承担起夜的角色。闽江两岸可以是尽情畅游的光景，多元的、媒体的、商业的、品质的、生活的、戏剧的、平日的、节日的、时代的、时段的，作为乐曲的最高潮。

1

1 画一幅福州城市的夜画，有自然，有人文，有生活，有交往，人们在夜画里畅游

将上述的思绪绘一幅夜景地图，能够描述福州 2000 年以来的故事画卷。画中要有十景，凑够十幅祈十福：福山、福塔、福庭、福水、福岛、福桥、福园、福巷、福路、福船，作为福州夜景要素的名片。

福山：乌山 、于山、屏山、烟台山、金鸡山、金牛山。

福水： 闽江（沿岸建筑、景观、岸线、绿化）、乌龙江 、内河（白马河、晋安河等）

福塔：乌塔、白塔 、镇海楼、西禅寺、金山寺、罗星塔。

福巷：三坊七巷 、上下杭、朱紫坊。

福路：八一七路、五一五四路 、华林路、六一路、古田路、东大路 、二环路

福桥：闽江——淮安大桥、洪山大桥、金山大桥、尤溪洲大桥、三县洲大桥、解放大桥、闽江大桥、鼓山大桥、魁浦大桥、三江口大桥、青州大桥；乌龙江——橘园洲大桥、浦上大桥、湾边大桥、螺洲大桥、乌龙江大桥、琅岐大桥、琅岐闽江大桥、市区高架桥、思儿亭高架桥、岳峰高架桥、五里亭立交桥、斗门高架桥、乌山高架桥、黎明高架桥、紫阳立交桥、象园高架桥、鹤林高架桥、陆庄高架桥、上渡口立交桥、北国高架桥、连潘高架桥。

福园：闽江公园、西湖左海公园、琴亭湖公园、茶亭公园、温泉公园、南山公园、牛岗山公园、飞凤山公园。

福船：观光船、交通船、渔船、军舰。

福岛：中洲岛、江心岛。

福庭：五一广场、市民广场。

一轴贯南北，崇自然，近历史，品生活，察商贾，眺未来。一江向东流，两岸景旖旎。福州可以鸟瞰，可以从水岸视域、公共空间、街道节点多方位，多角度驻足欣赏。我们认为，夜色，应该是生活幸福的本色。

1 福道融入了自然，光融入了福道，时隐时现
2 藏在脚下的光，渗出地面，像开花了的光团，福道如花道
3 扶手有光投向地面，助力攀登

照明方式

福道

福州号称有福之州，福天、福地、福山、福水加上金牛山福道，可谓五福圆满。福州自古人文氛围浓，自然生活、人文理想都是融为一体的。福道的建设，从设计开始，便是自然、人文、生态的融合，生态的也是现代的。镂空架设的桥面能透光，桥面下的植物白天能见着光生长，不受影响，这是人工物介入自然后景观设计师所做的尽可能的努力。福道在山里盘延，白天是挨着城市又躲开城市的好去处，凉爽且视野开阔。夜晚布光的目的，就是想把白天的幸福感延伸至夜晚，夜跑、夜游、夜漫步。同时在夜色中登高欣赏城市的夜景，赏景中修身养性。因此在福道布光时我们有三方面的预设条件：首先是灯光对自然植物、生物的最小限度的影响；其次是夜行步道的安心感；再次就是城市的山上观景道的亮度控制，便于在幽静中感受城市建设的繁荣辉煌。

福道虽然在山中盘旋，大部分的路面是平坦的，高差转换的时候才会出现阶梯台阶。面布光在脚下，光透过网孔板照到路面成为行走的指引。平坦的路面不需要多高的照度，不需要严格的均匀度，但是不希望看到光源，方案做法是巧妙地将灯具隐藏在了网孔铺板的底部结构中。灯光从孔中渗出，照明效果犹如光晕在地面上开出的一朵绽放的花。

步道也有多处爬山而上的阶梯，这些路段的夜晚登台阶安全性要求就突出了。首先要求看清扶手边界，同时要照亮台阶面，当然均匀度要好，有一定的照度。理想的做法是由扶手高度下照台阶，出光有距离，光散得开。方案中自扶手护栏内藏了灯，在满足照亮台阶的目的基础上，避免了光源的外露。通过网孔板的光有编织的浅影，增加了山道台阶的夜色趣味。

有平道，有台阶，有休息岛。有造型的亭子和座位构成途中小憩汇聚处。在这里布光有另外的要求，就是从远处识别的景观性。点缀山间的小构筑物，亮了就会亲近夜晚的山与人。在亭子间汇聚时需要明亮感，就像一个安全岛一样。

福道布光有三个高度：脚下的光、手下的光、头顶的光。低位的光为主，顶部的光作为点缀。布光的高度与布光的目的相关联，用光恰当地完成福道从白天景观至夜景的转换。

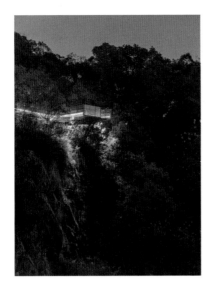

$$\begin{array}{c|cc} & 2 & 3 \\ 1 & & \\ & 4 & 5 \end{array}$$

1 造型的亭子，光的地标，人的交汇所
2 悬崖处的光地标
3 福道入口盘旋而上，人影绰绰，与光交织
4 跨越山之间的城市道路，廊桥为城市一个
　光的景观
5 用光明确边界的观景平台，登高望远，夜
　色尽收眼底

1 主索与垂索的节点做成闪光点，为了取得索与塔的体量视觉平衡，增加了向下光芒的长度。
　如此设计处理，塔和桥更似江上的舞者，欲飞的羽翅
2 鼓山大桥夜景观的表达策略探讨
3 色温随季节和场景需求调节

鼓山大桥、魁浦大桥

现代的桥梁在设计策划时往往是兼顾景观性的。夜景，在城市中，桥梁必是重点，尤其在水面上跨江的桥梁。水面如镜子，镜像桥体，产生更完美的图像，在夜色中，这镜像尤为重要。当然过度的装饰照明及动态色彩，会对桥梁本体意义产生损伤。

闽江上的桥梁很多，鼓山大桥与魁浦大桥是相邻的两座。闽江从上游流过福州入海，穿城而过的闽江成为福州的自然景观。桥是闽江上的人工造景，交通是桥梁的首要功能，可是其雄伟的造型、有力度的结构、有速度感的流线、庞大的尺度，都促成其作为展现独具魅力的城市景观。

鼓山大桥全长 4812m，跨江主桥 1520m，桥面宽 42m，主塔高 142m，独塔为自锚式结构，要支撑起如此大的重量达到稳定，桩基深达 102m。鼓山大桥紧邻福州东部新城办公区东侧，与鼓山遥相呼应，独立的主塔构架被塑造成光塔，有城市门户的象征意义。

主塔无疑是力量的象征，用光打亮体现其挺拔感，宛如高耸的光塔，虽为结构柱，顶部也做成塔刹层叠造型，给布光增添细节创造了机会。主悬索如项链，需要如钻石般的装饰。主拉索与次悬索的交叉点做成闪光点，悬垂的上部光束向下延伸，光芒在视觉上扩大了锁边翼翅的存在感，体量远方可望。桥体的光设置在桥箱板下面，与水面呼应，倒影中现细节，与过往船只和岸边行人照应。桥体以体现力量之美为首要，色彩就省略了。考虑到季节气温的变化与人的感受，色温可以变化调节，在延绵的长河中，桥与两岸的景观，建筑及行人，共筑都市的夜风景。

为了更大程度上节约工程造价，主塔的投光灯、桥檐的洗墙灯和桥墩的投光灯，全部是利用原有灯具，通过调整安装位置和照射角度，重新编排程序，尽最大可能使新旧灯具的亮度和色温调整一致。

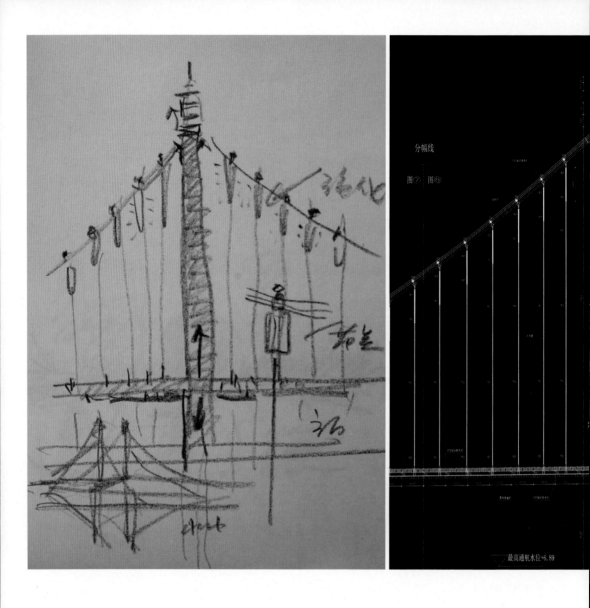

魁浦大桥是连接机场高速和东三环的重要通道，主桥长1115m，双塔斜拉索结构，桥面宽约38m，桥面距江面31m，主塔高113m，门式结构如高楼，拉索如伞翼，在江上形象突出。这种尺度的桥体，就是用光打亮也不容易，要用许多灯具。当然只需打亮桥体结构部分就是一个不错的答案，再做更多的修饰则要看景观及城市活动的需求。我们在此只是强化了桥的夜间形象，在顶部6m多高的多面体塔冠结构用竖向的洗墙勾勒出灯笼造型，仿佛悬跨于闽江的四个巨大的灯笼。斜拉索采用双色温的像素点光源，组成四副动态灯光水墨屏，灵动的波光、起伏的山峦、抽象的

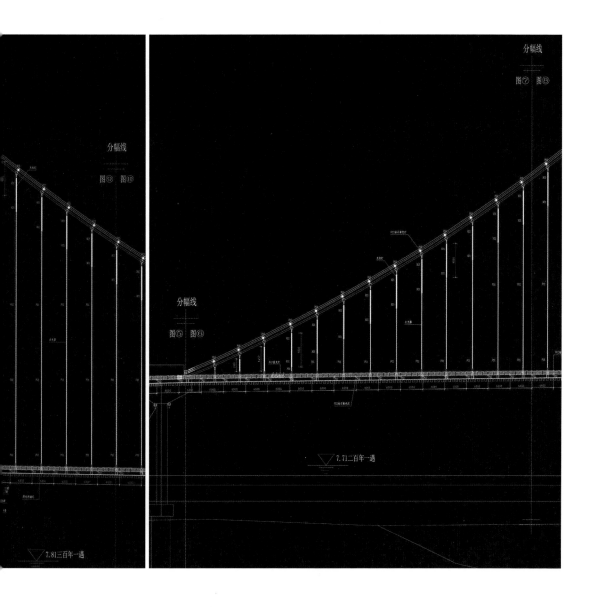

光影画和江面的倒影融为一体。主塔泛光保留原 1800 ～ 5300K 色温变化，斜拉索的点像素光源色温与之统一，没有艳丽的彩色灯光，只是通过色温的变化照样也能让魁浦大桥夜景呈现不一样的夜景。桥墩和桥檐采用投光的照明手法，区别于鼓山大桥洗墙的照明手法，形成了另外一种有韵律的光影。

1 布光方式草图示意
2 立面布灯实施方案
3 钢索布灯点位

1 整体做亮的桥梁在闽江上非常壮观
2 魁浦大桥照明要点示意
3 双塔 4 柱，柱顶 4 只灯笼，成为江上标志、城市夜景名片

1	2
3	

两座桥都是改造项目，部分保留利用了原有设备，做了效果调整，使之与新增加的
结合为一体。在闽江上相邻的两座桥，照明风格基本是统一的。城市景观照明设计
进入细致修补阶段，手法应回归到城市载体本身。

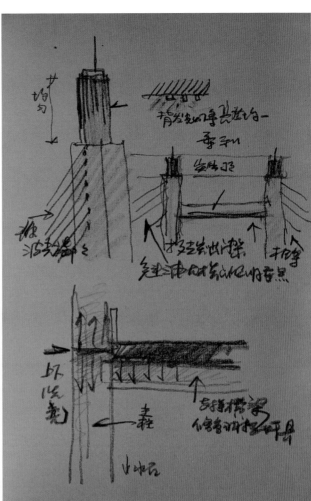

1 桥梁结构的力量与羽翼的飘逸刚
　柔并济
2 两岸的夜色偏生活化自然态，桥
　塔成为主角
3 羽翼展翅，横跨江中，形成独有
　的夜色风景

主要灯具产品及应用信息

福道

1 步道
洗墙灯：12W，60°，3000K
投光灯：24W，60°，3000K

2 旋转楼梯
导光板：2×15W/0.9m，120°，RGBW
筒灯 ：40W，45°，3000K
点光源：1W，120°，RGBW

3 休息长廊 1 ～ 4
投光灯：12W，60°，3000K

4 庇荫阁 1
洗墙灯：18W/0.5m，10°×60°，3000K

5 洪山桥段步道
洗墙灯：12W，60°，3000K

6 洪山桥段 88 m 桥
洗墙灯：12W，60°，3000K
投光灯：24W，20°，3000K
投光灯：72W，45°，RGBW
栈道灯：3W，20°，3000K

7 森林驿站段步道
洗墙灯：12W，60°，3000K
洗墙灯：24W，10°×60°，3000K
投光灯：24W，60°，3000K
投光灯：48W，45°，RGBW
栈道灯：3W，20°，3000K
壁灯 ：20W，45°，3000K
面板灯：48W/m，120°，3000K

8 庇荫阁 2
洗墙灯：18W/0.5m，10°×60°，3000K

9 森林驿站
洗墙灯：12W，60°，3000K
洗墙灯：24W，10°×60°，3000K
草坪灯：8W，180°，3000K

10 休息长廊 5 ～ 6
投光灯：12W，60°，3000K

魁浦大桥

1 塔冠
线型投光灯：35W/1.2m，20°×40°，
1800 ～ 5300K

2 桥墩顶部、桥塔上部内侧
投光灯：86W，20°×40°，1800 ～ 5300K

3 桥檐口内侧
投光灯：86W，20°×40°，1800 ～ 5300K

4 斜拉索
点光源：2W，110°，1800 ～ 5300K

鼓山大桥

1 塔冠
线型投光灯：88W/1.2m，20°×40°，
1800 ～ 5300K

2 竖向拉索
点光源：2W，110°，1800 ～ 5300K

3 桥檐口外侧
钻石染色灯：18W，150°，1800 ～ 5300K

4 斜拉索
钻石染色灯：84W，150°，RGBW(W=4000K)

5 竖向拉索上部
光柱灯：24W/0.24m，340°，RGBW(W=4000K)

6 桥墩顶部（下照）
投光灯：150W，35°，1800 ～ 5300K

7 桥塔顶部横梁侧面
投光灯：60W，4.5°×4.5°，1800 ～ 5300K

试灯研究

如何为开发中的城区做
照明规划设计？

- 光的设计要与组群建筑风格匹配，一致性很重要。
- 对于采用玻璃幕墙为主的现代建筑，光的色彩是需要后期在运营中管理的。
- 方案中如植入色彩，建议在大面积的正常色温中小面积地点缀。办法是找建筑表面结构的特殊性，幕墙手法的转换带，局部实施。
- 自从广告不能上楼顶，标识不能比楼高，楼体装饰照明的像素化就很受青睐。用单色像素，是显示与格调相互平衡的结果。
- 要做有品质的照明设计细节，克制用光，让品质转化为品位，让品位带动街区，成为信任。
- 把少有人的偏僻空间用灯光的手段活化，变成有趣的地方，真正体现照明设计的价值。
- 对于建筑群组团，整体性是力量，个性是特色，要把特色细节做在近人尺度上，把变化的场景做在局部。

1 鸟瞰高铁新城站前片区。提升后的景观照明、建筑装饰照明更有街区感与生活的味道

设计思考

苏州人是讲究细腻的，苏式面的浇头据说有 500 多种。苏州园林中那些亭子角的起翘，是工匠们用泥水抹出来的，竟然那么纤细，虽然内部有骨架。大学学习古建筑，一般只讲两种形式，官式和苏式，可见其分量。

接到了苏州高铁新城的照明规划和站前建成部分的提升设计的委托，我觉得算是挑战细腻设计的开始。这回的任务是整体规划与站前片区夜景照明提升实施同时进行。苏州的实力，发展的速度，在全国是首屈一指的，工作的过程证明了这一点。

高铁新城以苏州站为核心，占地 28.9km² ，分北部片区（当时只有土地属性）、中部片区（核心城区）、南部片区（金融、商业、研发优先实施区）。本次照明规划，涉及全域，重点完成中部、南部片区照明规划。南部片区在详细照明规划的基础上进一步提升改造站前已建成片区。站前片区包括 8 栋高层建筑、中部水街、裙楼商业等。初期建设时外观装饰照明已有，但没有统一规划，作为整个片区的样板，品质与整体性有待改进。

全新现代环境，现代设计手法，现代理念的区域开发，近人尺度的光环境，有品质的细节很重要

照明方式

已建成的建筑是简约的现代风格，有恰到好处的品质，光的设计要与其匹配，一致性很重要。照明规划设计选择了主体建筑 4000K 为主的色温，裙房和地面近人尺度选择 3000K 色温，上下做冷暖区分。玻璃幕墙为主的现代建筑是否引入色彩，是个有争议的话题。我们认为光的色彩是需要后期在运营中管理的，加入全彩设备可能性虽然多了，品位有可能受到影响，在建设中也不能一蹴而就。方案中仍然植入了色彩，不过是在大面积的色温中小面积地点缀。办法是找建筑表面结构的特殊性、幕墙手法的转换带，实现常说的万绿丛中一缕红。色彩面积小，结果看来受到人们的认可和喜爱。如果同等面积红绿配则至俗。因此这几栋楼都寻找到了色彩部分的寄居之所，面积不足十分之一，或更少。

站前片区在某种意义上说是一个窗口，有宣传的作用，向人们展示高铁新城的样板。因此在前面两栋楼上，设置单色像素灯具，达到能够演示一些标语文字和抽象图案的目的。其实人们还是很看重建筑上信息表达这个功能的，自从广告不能上楼顶，标识不能比楼高，楼体装饰照明的像素化就很受青睐。因为这是直接的广告效益，也是选择这类方案的底层逻辑。而用单色像素，是显示与格调相互平衡的结果。记得2017年在厦门的照明规划实施中采用了用色温表现城市格调的办法，整个城市的统一性就很好。只在有条件的单体楼上集中表现像素，结果会更聚焦更好。因此对于城市照明规划设计，我们主张在大城市中使用色温变化取缔大面积色彩，还原生活的冷暖温度，结果受到大多数人的欢迎和喜爱。当然城市演绎时是需要色彩的，设计时有意做了分离式的两套系统。

1	
2	3
	4

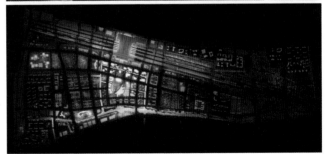

1 中部片区平面布光意象
2 未来最高建筑的本体色温及色彩使用
3 站前广场片区整体效果构想与光色基调
4 南部片区布光示意

把做有品位的片区外观装饰照明作为目标，首先要做有品质的照明设计细节，克制用光，让品质转化为品位，让品位带动街区，成为信任。新区无论办公、酒店、商业、公寓、住宅都是都市人的生活场所。大楼是标识标志，地面是生活景观，生活的光应在脚下，裙楼及地面开放空间是近尺度生活者的场所。

以建筑群围合的水街，在景观上满足生活者的多样性需求，可以发挥创造力，做有趣的、有诗意的、舒适安心的光。照明手法多样，比如水面上的雾气把彩光柔化，比如图案投影灯掠过树梢打到地面上，真假影子难辨，比如酒店入口的玻璃幕上留下了数字艺术的瀑布，一条大鱼在慢慢地游，比如门洞里的互动地面投影。

值得注意的是夜晚的桥下空间是负面的，少有人愿意利用，高度上亦压抑。把这些地方用灯光的手段活化，变成有趣的地方，才是真正体现照明设计价值的地方。方案采用 RGB 光源单色分离混合的办法，无人时光起照明作用。人通过时，由于遮挡三色分离，墙上和地面上出现彩色的动态影子，来人不同，影子不同，那些影子就是来访者自己创造的，永不重复。这时，步行通过也是快乐的，于是桥下的人反而会多起来。

河岸亮起来，人们在河边可以赏景，这时高层建筑成背景，水街成主景。对岸相望，人流共享，映入水中。水街上架起的红色钢结构人行桥，看出来是为通行，也是为观赏而设计的，是水街的点睛之笔，桥上也是观景点。用光把桥作美，侧影美，倒影美，人在桥上，人美。

1 装饰照明遵循幕墙的分隔逻辑，光色统一实现横
　线条与竖线条的相互关照，局部的色彩彰显个性
　存在，地面景观带水街采用了暖色温，适应近人尺
　度感受，整体中有个性，细节中有整体逻辑
2 水街商业主体建筑用光和而不同
3 表现景观及桥的夜景景观性
4 景观桥与水街岸线，协调一致的温暖色调
5 光色、水色、晚霞、树木与建筑的表情相得益彰

1
23
45

对于建筑群组团，整体性是力量，个性是特色，要把特色细节做在近人尺度上，把变化的场景做在局部。联动是体现整体性的一种彰显，在静态中求变化。相同色彩在不同楼上同时出现并变化，显示出相互的关联性。

作为生活的场景，光环境很重要，夜生活是很重要的私属时间段，在都市里难能可贵，需要个性，自我放飞。品质的光，自由的光，是夜生活的积极调节。

高新区在逐步建设中，现在望去，有自然态，有工地，有沼泽，有建成，还有很多空白。相信未来必定繁华，因此起步的样板尤其重要。

1 局部的色彩变化不会影响建筑的整体格调，只是增添了趣味细节
2 远望整个片区，建筑形态各异，统一的用光手法将之间联系起来
3 单体建筑装饰光的方式
4 窗框装饰照明的做法，山墙像素灯的做法形式虽有不同，光色、亮度控制在同一水平

具体的设计在细节上下了功夫。从高层建筑的幕墙形式入手，主要采用了三种方式。一是上下直通的竖肋嵌入可调光的线条，要求很高的明暗灰度级；二是横向楼层分割线用洗墙方式加渐变控制，实现水平向的灵动且避免僵直，消除视觉尺度过强的缺点；三是窗口的编织格子效果，与室内光相呼应。彩光设在楼体左右分割线中央，或转角，或顶层洞口，塑造建筑本身空间与造型特色，同时满足街区丰富多彩的需求。水街广场做了很多创意的内容，给未来运营留足了条件。有影像的、有互动的商业空间会逐步繁忙起来，经营上也会用得着这些。

站前广场光环境提升后，来访者增多，赞许者众，高铁从边上掠过，看到的是不一样的夜色风景。回味一下苏州的浇头面，直径颇一致的细面，选择自己喜好的浇头，美美地吃上一顿。想想，似乎与光环境的营造方法有点相似，你品品看。

1 建筑的格调、商业的温馨、街区的品位由于灯光而取得和谐

1　投光灯：LED，24W，5×17°，3000K，DC24V，DMX512

2　投光灯：LED，36W，8°，RGBW(3000)，DC24V，DMX512

3　投光灯：LED，120W，45°，3000K，AC220V，ON/OFF

4　投光灯：LED，200W，20×40°，RGB，AC220V，DMX512

5　投光灯：LED，300W，RGBW(4000)，8°，AC220V，DMX512

6　轮廓灯：LED，15W，120°，4000K，DC24V，DMX512，10 段 /m，
　高亮高灰，表面透明亚克力棒

7　轮廓灯：LED，8W，120°，4000K，DC24V，DMX512，2 通道 / 段，支持 16bit

8　轮廓灯：LED，5W，120°，4000K，DC24V，DMX512

9　轮廓灯：LED，15W，120°，RGBW(3000)，DC24V，DMX512

10　轮廓灯：LED，8W，120°，RGBW(3000)，DC24V，DMX512

11　轮廓灯：LED，5W，120°，RGBW(3000)，DC24V，DMX512

12　洗墙灯：LED，12W，10×40°，4000K，DC24V，DMX512

13　洗墙灯：LED，6W，10×40°，4000K，DC24V，DMX512

14　洗墙灯：LED，4W，10×40°，3000K，DC24V，DMX512

15　洗墙灯：LED，12W，10×40°，3000K，DC24V，DMX512

16　洗墙灯：LED，6W，10×40°，3000K，DC24V，DMX512

17　洗墙灯：LED，12W，10×40°，RGBW(3000)，DC24V，DMX512

18　洗墙灯：LED，6W，10°，RGBW(3000)，DC24V，DMX512

19　洗墙灯：LED，4W，10°，RGBW(3000)，DC24V，DMX512

20　线型投光灯：LED，18W，10×30°，4000K，DC24V，DMX512

21　线型投光灯 LED，9W，10×30°，4000K，DC24V，DMX512

22　洗墙灯：LED，18W，8°，3000K，DC24V，ON/OFF

23　洗墙灯：LENW18b，LED，9W，8°，3000K，DC24V，ON/OFF

24　洗墙灯：LENW18b，LED，6W，8°，3000K，DC24V，ON/OFF

25　洗墙灯：LESR24，LED，24W，15°，RGBW(4000)，DC24V，DMX5124

26　洗墙灯：LED，24W，30°，3000K，DC24V，ON/OFF

27　洗墙灯：LED，12W，30°，3000K，DC24V，ON/OFF

28　洗墙灯：LED，8W，30°，3000K，DC24V，ON/OFF

29　线条洗墙灯：LED，24W，15°，4000K，DC24V，DMX512

30　线条洗墙灯：LED，12W，15°，4000K，DC24V，DMX512

31　线条洗墙灯：LED，8W，15°，4000K，DC24V，DMX512

32　洗墙灯：LED，24W，8°，4000K，DC24V，DMX512

33　洗墙灯：LED，12W，8°，4000K，DC24V，DMX512

34 洗墙灯：LED，8W，8°，4000K，DC24V，DMX512

35 洗墙灯：LED，24W，30°，4000K，DC24V，DMX512

36 洗墙灯：LED，12W，30°，4000K，DC24V，DMX512

37 洗墙灯：LED，8W，30°，4000K，DC24V，DMX512

38 洗墙灯：LED，24W，10×55°，RGBW(3000)，DC24V，DMX5124

39 洗墙灯：LED，12W，10×55°，RGBW(3000)，DC24V，DMX5124

40 洗墙灯：LED，8W，10×55°，RGBW(3000)，DC24V，DMX5124

41 线型投光灯：LED，36W，20°，4000K，DC24V，DMX512

42 线型投光灯：LED，36W，60°，RGBW(3000)，DC24V，DMX512

43 线型投光灯：LED，18W，60°，RGBW(3000)，DC24V，DMX512

44 线型投光灯：LED，12W，60°，RGBW(3000)，DC24V，DMX512

45 洗墙灯：LED，36W，30°，RGBW(4000)，DC24V，DMX5124

46 洗墙灯：LED，18W，30°，RGBW(4000)，DC24V，DMX5124

47 洗墙灯：LED，12W，30°，RGBW(4000)，DC24V，DMX5124

48 线型投光灯：LED，48W，20°，4000K，AC220V，DMX512

49 线型投光灯：LED，16W，20°，4000K，AC220V，DMX512

50 线条洗墙灯：LED，48W，15°，RGBW(4000)，AC220V，DMX5124

51 线条洗墙灯：LED，16W，15°，RGBW(4000)，AC220V，DMX5124

52 洗墙灯：LED，48W，30°，RGBW(4000)，AC220V，DMX5124

53 洗墙灯：LED，24W，30°，RGBW(4000)，AC220V，DMX5124

54 洗墙灯：LED，48W，30°，4000K，AC220V，DMX512

55 洗墙灯：LED，48W，8°，4000K，AC220V，DMX512

56 线型投光灯：LED，54W，25°，RGBW(3000)，AC220V，DMX512

57 洗墙灯：LED，24W，8°，3000K，AC220V，ON/OFF

58 洗墙灯：LED，16W，8°，3000K，AC220V，ON/OFF

59 格栅屏：LED，120W/m²，120°，RGB，AC220V，DMX512

60 灯光装置：LED，800W，RGB，AC220V，DMX512

61 景观灯柱：LED，400W，RGB，AC220V，DMX512

62 互动投影：LED，700W，RGB，AC220V，DMX512

63 点光源：LED，2W，120°，RGBW，DC24V，DMX512

试灯研究

词以境界为最上，有境界自成高格，自有名作。
夜景同样如此，景之为境，布光为大。
吴春海（城市照明管理者，学者）

我们用光把黑暗放回比黑暗更黑暗的原处。
沈少民（著名艺术家）

撕开光的缝隙，刺穿我，这是光的故事。
丰江舟（新媒体艺术家，原苍蝇乐队主唱）

在万物互联的元宇宙时代，我们更要感恩光。光，不只是物理的光子，它让我们的眼球成为洞察显像的器官。光，更是光纤的脉冲，让我们超越物质进行更深层的精神连接。元宇宙中的光不再是物理照明，它是整个元宇宙的基本粒子，它构成元宇宙，它将创造一个前所未有的数字孪生新世界。
野城（著名建筑师，策展人）

灯光装置通常是与节日共舞的光。玩火是童年的记忆，玩光是节日里的成人游戏。有规模的称为灯光节，全世界已有不少。临时构想的光有临时闪现的快愉，独立于载体的光作品似乎更容易摆脱羁绊尽情挥洒。因此光影作品是另一种夜景形态，有的作品需要观众的参与才完整，所谓互动与沉浸。就像过节一样，观众也是有备而来。他们知道，过几天这样的景观就会消失。人们试图想通过这短暂的体验，抓住光的灵魂，创作者也要费尽心思用光与来访者的心灵共鸣。

灯光艺术装置是节日庆典里的一分子。展览城市、休闲城市、博览城市、节庆城市是新时代城市的概念，是光环境策划中的又一个新领域。在某时间段需要让城市动起来，让夜晚热闹起来，灯光节已成为今日都市超尺度大舞台里一项不可或缺的存在。

7

灯光装置

如何定义灯光艺术装置作品？
如何增加艺术家的参与感？

- 灯光、艺术、装置是三方面要素特征，其中的艺术判断与实施，应该交给艺术家，借此诠释艺术的定义。
- 短暂的展示作品要体现材料成本的轻，搭建的容易度，以及对环保的顾虑。
- 创作过程是作品的一部分，它体现作品的内涵价值与寓意。
- 灯光艺术装置的灯光是融入作品的，同时组合了控制灯光的系统，包括声音，还有来访者的检测，达到互动的目的。
- 技术日新月异，唤起共鸣，有思想的启迪是作品的价值判断依据。
- 当作品撤去后，空间和场地仍然是原样，留下的只是回味。

1 装入彩色液体后水桶的局部效果

设计思考

在四川美院的新校区，聚集着艺术创作工作室的虎溪公社与教学区由一条隧道相连。虎溪公社紧邻着大学城的繁华商业街熙街——众多游客过来打卡的地方。一墙之隔的校园内草木茂盛，道路弯转，分散坐落着著名建筑师设计的建筑，校园规划上有点野蛮错落的味道。

川美80年校庆，是川美的重要庆典。由于受到疫情的影响，要求防控人流，庆典的活动及展示成为一件烧脑的事儿——学校希望既能喜庆热闹，又能通过有限的界面向公众展示川美的历史和创造力。此前，川美在公共艺术学院设立照明艺术设计本科专业，在全国也算首创，周波老师作为专业领头人推动了校庆灯光节这件事情。他在川美工作生活了几十年，发挥自己在照明艺术领域的资源优势，汇聚行业多位大咖，联动多家厂商、机构，通过策划艺术设计活动将川美校园变成光艺术之园。在80周年校庆来临之际，川美果然成为刷屏、打卡的热点。被照亮的大卫、被点亮的美术馆、绚丽多彩的数字影像墙、彩球立方、改变了色相的树林等，流光溢彩，成为川美辉煌80载的完美注脚。

色彩的定义权交给艺术家，然后用灯光系统诱发来访者的行为

周波老师将几个灯光艺术装置的候选地点分派下来,有水里的,有屋顶的,有被当地话称为"洞洞"与"洞子"的隧道。我因为后者空间向内聚焦的特殊性,相中了这百米长的"洞洞"。隧道长百米,宽 6m,高 6.6m;3.3m 以上是半圆拱券,素面混凝土浇筑。平日里穿行于隧道之间的有老师、职工、家属、学生,夜以继日,时多时少。

最初的构思里,我将"洞洞"看作老师们的秀场。在艺术家的节日里,平日辛勤的耕耘者在光的指引下,摇身一变,成为 T 台上的模特。于是我想把隧道上方的半圆形发展为一个整圆,象征圆满,与传统文化以及节庆意味相呼应。具体做法则是搭架子,在半圆高度铺设薄水面或镜面,用光束做出上半圆,用倒影连接下半圆,实像虚像共筑圆满。初步方案出来,仅着眼于抽象的艺术概念,却没考虑人流疏散的问题,于是被否决了。虽略有遗憾,但安全性当然是重中之重。

当其他设计师的作品都快落地了,我与周波老师还在绞尽脑汁如何将"秀"的概念落脚在空间现实中。秀什么?社会对美术、艺术、画家的认知是什么?后来我想到,拿画笔,调颜色,便是艺术工作中一个极具代表性的动作。所谓光色,光我们自己完成,色则应该交给画家。于是乎,再度构思草图,目标是采用快速、少制作、低成本的方法做出有艺术感的作品。而没有什么比艺术家的参与更具有艺术感。

1 完成后的灯光艺术装置场景

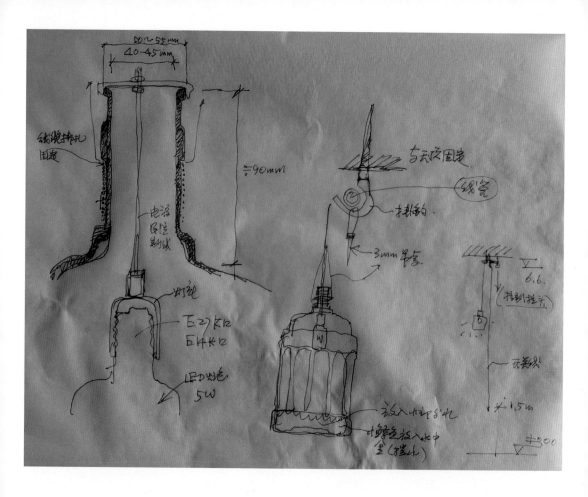

照明方式

仍然是隧道半圆处 3.3m 高度，吊下 80 个空水桶（采用常用的 18L 塑料桶），桶口装定制光源，10W，4000K 色温，隧道顶部做综合桥架，内置配电线、控制线、控制器、探测雷达、音箱等。桶中装入薄薄一层水，调 80 种颜色，用光照射，显色，在地面上落下波纹。灯光的点亮、强弱、屏闪，是由雷达监测行人动态实现的，传至控制系统形成场景反应；驱动预设音响，录入水动态的模拟音效，泉水叮咚响。在行人经过隧道时，其行走的动作在与装置有意或无意地在互动中被不自觉地左右。当日常的通道不再日常，众人皆成了这件沉浸式装置作品的友情出演者。

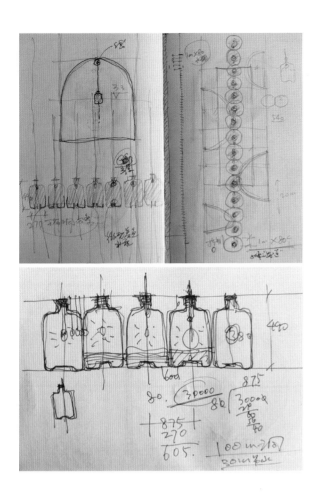

1 纯净水桶嵌入光源构思，感应设备的构思及吊装办法
2 洞内吊装计划草图构思
3 水桶吊装排列计算
4 彩色的水会在地面投下彩色的影

接下来便是水中颜色的选择。我想，选色的权力应该在艺术家自己的手中。和周波老师商量后，行动力强的周老师立即聚集到了不少响应者。至于颜料，则要既溶于水，能透光，又显色；经过周老师及学生团队们的反复试验，最终选定了打印水彩墨水。

在隧道里，画家、艺术家、老师们纷纷前来，挥笔调色，抱桶合影，签下大名，饱含感情地叙述颜色背后的渊源以及对川美的感情。

校庆开幕的那一天，许多人经过隧道，张望、观看、拍照、留念。学生中的知情者也来寻找老师的签名所在。光源以基本的亮度照亮了色彩，80 种颜色缤纷陈列。当人流被雷达捕捉到，屏闪增亮，场景即刻热闹起来，音效也由潺潺细流变为汩汩泉涌。无论行人以何种身姿和心情穿过"洞洞"，已然是隧道秀场场景的一员：匆匆掠过也好，缓缓停留也好，或是好奇探究，或是成群结队地摆出各异的姿势……直到人群散去，装置回归静谧，80 色清晰可见。

1 2
3 4 5

1 唐勇老师的彩色水桶
2 庞院长签名的彩色水桶
3 黄山老师调色签名的彩色水桶
4 陈树中老师签名的彩色水桶
5 与川美艺术家合作的色彩阵列

**主要灯具产品
及材料信息**

1　18L 塑料水桶 80 个

2　点光源：LED，10W，4000K

3　钢索吊绳

4　综合桥架

5　线缆、控制器、音箱、雷达系统

6　打印水彩墨水及自来水

7　艺术家签名贴纸

**艺术家
现场调色场景**

如何将光影作品嵌入现有城市环境？如何诱发对作品体验方式的二次开发？

- 光影作品是另一种夜景形态，有的作品需要观众的参与才完整，所谓互动与沉浸。
- 人们试图想通过这短暂的体验，抓住光的灵魂，创作者也要费尽心思用光与来访者的心灵共鸣。
- 光影作品、灯光艺术装置的安全性是创作者首先要考虑的。
- 可尝试将灯光艺术装置的展现效果交到观众手中，让观众沉浸其中作为友情出演者。
- 思考作品的同时，促使我们去思考城市灯光，灯光装置作为短暂的存在能触发什么，能留下什么回味，供设计活动结束之后"咀嚼"。
- 思考如何通过灯光装置反映当下都市奋斗者的状态写照，让参与者的身体与意识的虚无交织在一起。
- 增加参与的仪式感，让其附上生活的意义。

1 M+W 城市中一小片虚无的短期植入

设计思考

M+W 是为 2021 深圳光影艺术节创作的作品。搭建镜面玻璃屋的出发点是为了利用镜面反射融入深圳的城市环境，就像每一个深圳人就是茫茫深圳人海中的一分子一样，不为焦点而坦然存在一般。内部空间是多维度的影像虚拟空间，在内、在自我的空间里拓展自己想象的世界，实现放飞自我的梦想，这是都市人群作为生活者共有的两个界面。像素构成的基点是日常生活中使用的纯净水桶，通过触摸这些常见的物料悟出所处的境地。思考作品的同时，促使我们去思考城市灯光，灯光装置作为短暂的存在能触发什么，能留下什么回味，供设计活动结束之后"咀嚼"。光影艺术节的活动无疑是在用这种方式探索，让生活者去触摸，去体验，去思考，进而想去参与或创作。光影艺术节触发人们意识到光不仅是生活的，也是艺术的，且把二者交织在了一起。同时每一个来访者就是一个参与者，包括网上的观看者，大家共同使作品内涵丰富。

外观采用渗入城市的构筑方式，用光像素定义内部梦想空间

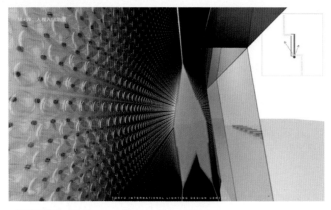

M+W:灯光效果示意——互动模式

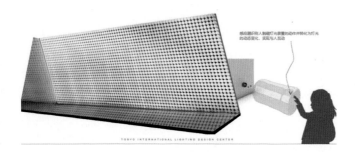

感应器识别人触碰灯光装置的动作并转化为灯光
的动态变化，实现与人互动

1	4 5
2	
3	6

1 内部空间构成设想
2 设想的互动关系
3 装置的解剖图示意
4 夕阳时进入画境
5 傍晚夜色阑珊，内部的光在诱导
6 骨架结构实施图

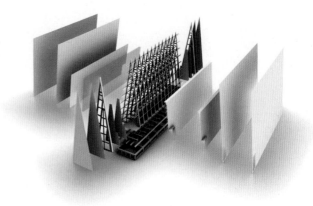

照明方式

作品 M+W 中的 M 是英文"山"的首字母，也是英文"男士"的首字母。W 是英文
"水"的首字母，也是英文"女士"的首字母，其寓意为自然山水与人文精神的合体。
人字形的构筑由钢结构龙骨组合搭建，外贴镜面玻璃。

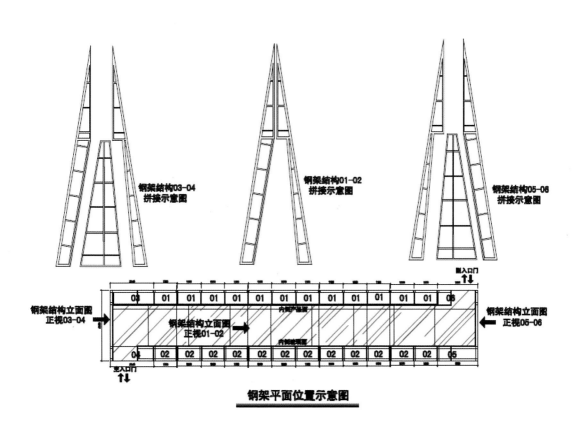

钢架结构03-04
拼接示意图

钢架结构01-02
拼接示意图

钢架结构05-06
拼接示意图

钢架结构立面图
正视03-04

钢架结构立面图
正视01-02

钢架结构立面图
正视05-06

钢架平面位置示意图

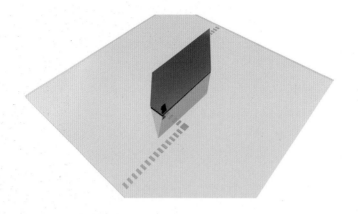

M+W:互动装置方案

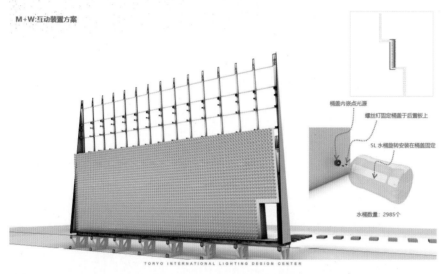

桶盖内嵌点光源

螺丝钉固定桶盖于后置板上

5L 水桶旋转安装在桶盖固定

水桶数量：2985个

TORYO INTERNATIONAL LIGHTING DESIGN CENTER

1	3 4
2	5

1 装置安放场地俯视图
2 装置构造原理
3 璀璨的光像素点，灯罩只是盛纯净水的空桶
4 亮起来空间深邃，充满想象力
5 镜像后的像素点无限多、无限远

内部单面用近3000个空塑料水瓶组成一面墙。塑料水瓶瓶口内嵌入LED模组，接入控制，形成类似有像素的媒体立面。媒体面向内倾斜，内部另一侧贴镜面，地面也是满铺镜面玻璃。两侧三角形山墙内亦如是，于是室内成了多面反射的万花筒似的空间。媒体墙侧植入动画内容，整个空间就联动起来了。人在其中，恍若身在宇宙，似在探索未来。犹如庞大的城市中普通渺小之人也获得了在狭窄中犹可创造无限可能的感受，瞬间膨胀自我，这正是当下都市奋斗者的状态写照，身体与意识的虚无交织在一起。

1 M+W 城市中一小片虚无的短期植入，植入动态影像，似另一个宇宙

装置长 18m，宽 3.3m，高 10m，放置于已有的水池中，薄水面将装置与环境隔开，设石汀步让人进入。建筑远观，好似本来就应该在那里的感觉。室内空间有媒体影像内容，却朦胧。人们进入，互动，遐思，完成二次创作。这个空间也是有仪式感的，用途可以开发，年轻人入内，也可祈愿什么。于是大家起了不少别名，有人甚至叫脱单屋，装置有了生活的意义。

1　1.5L 直径 160mm 空水桶

2　5mm 镜面玻璃

3　12mm 厚钢化玻璃（20mm×40mm、40mm×40mm、50mm×50mm、
　　50mm×10mm、100mm×100mm）

4　厚 2mm 镀锌钢管骨架

5　8mm 钢板

6　20mm、30mm 厚石材贴面汀步

7　LED 点光源每颗 3W，RGB，控制系统，雷达系统

试灯研究

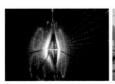

1 生活空间 LIVING SPACE

汤山云夕博物纪温泉酒店 RURALATION MUSEUM HOTEL

项目地点：南京（江宁区汤山镇汤山直立猿人遗址公园内）
占地面积：包括酒店及其周边景观区域占地总面积约为 80 亩
建筑面积：约 5500 m²
设计公司：张雷联合建筑事务所（建筑、景观、室内设计）
照明设计：栋梁国际照明设计（北京）中心有限公司
设计团队：许东亮、史乃亮、张国强、陶紫辰、郑菁菁、袁野、袁莉
项目摄影：楼洪忆、许东亮、云夕酒店
竣工时间：2021 年
项目荣誉：2022 年美国 IDA 照明设计奖 金奖
2022 年美国 LIT 照明设计奖
2023 年美国 MUSE DESIGN AWARD 金奖

宁波七塔禅寺 NINGBO QITA TEMPLE

照明设计：栋梁国际照明设计（北京）中心有限公司
深化设计：五蕴照明设计（上海）有限公司
设计团队：许东亮、史乃亮、陶紫辰、金佩佩、丁仁军、宋武峰
施工团队：浙江宸际照明科技有限公司、浙江荣鼎建设工程有限公司
项目摄影：宁波鄞州绮靡文化传媒有限公司 | 陈乾斌
项目荣誉：2022 年第十七届中照照明奖设计奖一等奖

湖州法华寺真身殿 MAIN HALL OF FAHUA TEMPEL HUZHOU

项目地点：湖州
项目业主：湖州白雀法华寺
照明设计：栋梁国际照明设计（北京）中心有限公司
设计团队：许东亮、吴哲等
项目摄影：楼洪忆
竣工时间：2021 年
项目荣誉：2022 年 北美 IES 照明设计奖优秀奖
2022 年 美国 MUSE DESIGN AWARD 金奖
2022 年 美国 LIT 照明设计奖
2022 年 亚洲照明设计奖 优异之光奖
2022 年 第十七届中照照明奖设计奖 二等奖

北京无用空间 WUYONG SPACE·BEIJING

项目地点：北京
项目业主：珠海无用文化创意有限公司
室内设计：场域建筑（北京）工作室
建筑师：梁井宇
照明设计：栋梁国际照明设计（北京）中心有限公司
设计团队：许东亮、武和平、安红江、张璐、陈芝羽
项目摄影：许东亮

2 公共建筑 PUBLIC BUILDINGS

西安丝路国际会议中心 XIAN SILK ROAD INTERNATIONAL CONVENTION CENTER

项目地点：西安
项目业主：西安丝路国际会展中心有限公司 / 西安浐灞生态区管理委员会
建筑设计：GMP 建筑事务所
照明设计：栋梁国际照明设计（北京）中心有限公司
设计团队：许东亮、武和平、史乃亮、揭勇、袁莉、陈芝羽、韩世玲
照明施工：豪尔赛科技集团股份有限公司
项目摄影：楼洪忆
项目荣誉：2021 年 美国 IDA 照明设计奖 银奖
2021 年 北美 IES 照明设计奖 优秀奖
2021 年 美国 LIT 照明设计奖
2021 年 亚洲照明设计奖 优异之光奖
2021 年 第十六届中照照明奖设计奖 二等奖

郑州美术馆新馆 ZHENGZHOU ART MUSEUM

项目地点：郑州
建筑设计：同济大学建筑设计研究院（集团）有限公司
照明设计：栋梁国际照明设计（北京）中心有限公司
设计团队：许东亮、张国强、王善鑫、揭勇、侯秋华、袁莉等
照明施工：豪尔赛照明科技股份有限公司
项目摄影：是然建筑摄影|SCHRANIMAGE
项目荣誉：2022 年第十七届中照明奖设计奖 二等奖

郑州绿地中央广场 ZHENGZHOU GREENLAND CENTRAL PLAZA

项目地点：郑州
项目业主：河南绿地中原置业发展有限公司
建筑设计：GMP 建筑事务所
景观设计：同济大学建筑设计研究院（集团）有限公司
照明深化设计：栋梁国际照明设计（北京）中心有限公司
设计团队：许东亮、张国强、夏卉、袁野、袁莉
照明施工：河南新中飞照明电子有限公司
项目摄影：曾江河、许东亮
项目荣誉： 2018 年 第十三届中照明奖 一等奖

西双版纳傣秀剧场 XISHUANGBANNA DAI SHOW THEATER

项目地点：西双版纳
项目业主：西双版纳国际旅游度假区开发有限公司
照明设计：栋梁国际照明设计（北京）中心有限公司
设计团队：许东亮、唐朝辉、常瑛、曹彤、袁莉
照明施工：大连路明光电工程有限公司
项目摄影：万达集团
项目荣誉：2016 年 北美 IES 照明设计奖 优秀奖
2017 年 第九届祝融奖 三等奖
2017 年 第十二届中照明奖 三等奖

哈尔滨大剧院 HARBIN GRAND THEATER

项目地点：哈尔滨
项目业主：哈尔滨松北投资发展集团有限公司（项目二办）
建筑设计：MAD 建筑事务所
合作建筑设计：北京市建筑设计研究院
景观设计：北京土人景观与建筑规划设计研究院、泛亚国际景观设计有限公司
照明设计：栋梁国际照明设计（北京）中心有限公司
照明施工：北京东方富海照明工程设计有限公司
项目摄影：周利、史乃亮、徐忠斌、许东亮
项目荣誉：2016 年 北美 IES 照明设计奖 卓越奖
2016 年 第十一届中照明奖设计奖 一等奖
2016 年 第二十一届阿拉丁神灯奖 优秀工程奖 / 十大工程奖
2016 年 中国建筑装饰协会祝融奖 建筑景观金奖 / 建筑照明单项一等奖

珠海大剧院 ZHUHAI GRAND THEATER

项目地点：珠海
项目业主：珠海城市建设集团有限公司
照明设计：栋梁国际照明设计（北京）中心有限公司
设计团队：许东亮、史乃亮、武和平、揭勇、袁莉、侯秋华、陶紫辰、韩世玲、胡巧云、苗子兴、丁照杰、陈芝羽、赵倡
实施总承包 / 影像制片：北京锋尚世纪文化传媒股份有限公司
施工协作 / 项目摄影：深圳市千百辉照明工程有限公司
项目荣誉：2021 年 北美 IES 照明设计奖 优秀奖
2021 年 第十六届中照明奖设计奖 一等奖
2021 年 美国 IDA 照明设计奖 金奖

天津奥林匹克中心 TIANJIN OLYMPIC CENTER

项目地点：天津
项目业主：天津市体育局
照明设计：栋梁国际照明设计（北京）中心有限公司
设计团队：许东亮、张国强、史乃亮、原瑀灼、王善鑫、袁野、夏卉、袁莉、揭勇
施工单位：豪尔赛科技集团股份有限公司
项目摄影：甄琦

项目荣誉： 2018 年 第十三届中照照明奖 二等奖

郑州奥林匹克体育中心 ZHENGZHOU OLYMPIC SPORTS CENTER

项目地点：郑州
建筑设计：同济大学建筑设计研究院（集团）有限公司
照明设计：栋梁国际照明设计（北京）中心有限公司
设计团队：许东亮、张国强、王善鑫、揭勇、侯秋华、袁莉等
照明施工：豪尔赛照明科技股份有限公司
项目摄影：豪尔赛、栋梁国际照明设计（北京）中心有限公司

3 商业街区 COMMERCIAL STREET

常德老西门 OLD WEST GATE·CHANGDE

项目地点：常德
项目业主：常德市天源住房建设有限公司
建筑设计：中旭建筑设计有限责任公司理想空间工作室（曲雷、何勍）
景观设计：北京北林地景园林规划设计院有限责任公司
照明设计：栋梁国际照明设计（北京）中心有限公司
设计团队：许东亮、史乃亮、武和平、张璐、韩世玲、陈芝羽、袁莉、陶紫辰
项目摄影：楼洪忆
项目荣誉：2018 年 亚洲照明设计奖 亚洲之光奖
2018 年 艾鼎国际设计大奖 照明设计类金奖

武汉江汉路步行街 WUHAN JIANGHAN ROAD PEDESTRIAN STREET

项目地点：武汉
项目业主：武汉市江汉区城市建设重点工程指挥部办公室、武汉市江岸区城市管理执法局
照明设计：栋梁国际照明设计（北京）中心有限公司
照明设计负责人：许东亮、暴光
深化施工：武汉金东方智能景观股份有限公司
施工负责人：卢华、吴伟
项目摄影：武汉金东方
项目荣誉：2021 年 第十六届中照照明奖 一等奖

宁波中山路商业街 NINGBO ZHONGSHAN ROAD HIGH STREET

项目地点：宁波
项目业主：宁波市市政工程前期办公室
照明设计：浙江华展工程研究设计院有限公司、栋梁国际照明设计（北京）中心有限公司
设计团队：史乃亮、金佩佩、常瑛、张国强、袁野、王善鑫、陶紫辰、陆瑶、丁晓杰、陈眉华、金佩立、颜育高、柴林波
项目摄影：浙江华展
项目荣誉：2018 年 第十三届中照照明奖 二等奖

4 创意园区 CREATIVE PARK

北京黑糖艺术中心 HEYTOWN ART CENTER·BEIJING

项目地点：北京
项目业主：梵天（北京）集团有限公司
建筑面积：3300 ㎡
建筑设计：META- 工作室
照明设计：栋梁国际照明设计（北京）中心有限公司
设计团队：许东亮、安红江
摄影：孙海霆

北京 751 艺术区 751D·PARK·BEIJING

项目地点：北京
项目业主：北京正东电子动力集团有限公司
照明设计：栋梁国际照明设计（北京）中心有限公司
设计团队：许东亮、安红江、邵振华、李晨、魏燕萌等
项目施工：北京正东动力设备安装工程有限公司、北京众成天元照明科技有限公司、北京永兴丰源建筑工程有限公司

项目摄影：周利
项目荣誉：2023 年 美国 MUSE DESIGN AWARD 金奖

5 公园风景 CITY PARK

成都天府艺术公园 TIANFU ART PARK·CHENGDU

项目地点：成都
项目业主：成都城建投资管理集团有限责任公司
建筑设计：中国建筑西南设计研究院
建筑师：刘艺、佘念、郑欣
景观设计：李迅（四川景度环境设计有限公司）
室内设计：张灿、李文婷 [四川创视达 (CSD) 建筑装饰设计有限公司]
照明设计：栋梁国际照明设计（北京）中心有限公司
设计团队：许东亮、武和平、韩世玲、贺炅烨、袁莉
项目摄影：楼洪忆
项目荣誉：2022 年 美国 IDA 照明设计奖 金奖
2022 年 北美 IES 照明设计奖 优秀奖
2022 年 美国 MUSE DESIGN AWARD 铂金奖
2022 年 美国 LIT 照明设计奖
2022 年 亚洲照明设计奖 非凡之光奖
2022 年 第十六届中照照明奖设计奖 一等奖
2022 年 祝融奖 一等奖

江苏园博园城市展园 GARDEN EXPO PARK·JIANGSU

项目地点：南京
项目业主：江苏园博园建设开发有限公司
建筑设计：陈薇、东南大学建筑设计研究院有限公司
照明设计：栋梁国际照明设计（北京）中心有限公司、上海艾特照明设计有限公司
设计团队：许东亮、吴哲、汪建平、张先军等
完成时间：2021 年
项目摄影：楼洪忆、张振光

6 城市夜景 URBAN NIGHTSCAPE

江山市一江两岸 RIVERSIDES·JINGSHAN

项目地点：江山
项目业主：江山市城市发展投资有限公司
照明设计：栋梁国际照明设计（北京）中心有限公司
总设计师：许东亮
设计团队：陈建军、蔡振华、雷丽、刘畅、叶丹、苏苏、叶翠霞、颜文青
技术团队：顾晓娟、揭勇、倪勇、王振业
施工团队：豪尔赛科技集团有限公司、浙江永通科技发展有限公司、宁波景灯照明系统工程有限公司
项目摄影：楼洪忆

柳州柳江两岸 BOTH SIDES OF THE LIUJIANG RIVER

项目地点：柳州
项目业主：北京良业环境技术股份有限公司
项目设计：栋梁国际照明设计（北京）中心有限公司
设计团队：许东亮、常瑛、陈建军、蔡振华、雷丽、叶丹、刘畅、叶翠霞、陈炀晓、陈倩、胡墨智丽、苏苏
项目摄影：北京良业
项目荣誉：2020 年 第十五届中照照明奖设计奖 二等奖

厦门城市景观照明 AMOY URBAN NIGHTSCAPE

海悦山庄 AMOY HAIYUE VILLA
项目地点：厦门
项目业主：厦门建发集团有限公司
照明设计：栋梁国际照明设计（北京）中心有限公司
设计团队：许东亮、常瑛、武和平、郭震军、韩世玲、张璐、陈芝羽
照明施工：豪尔赛科技集团股份有限公司

项目摄影：周利
项目荣誉：2020 年 亚洲照明设计奖 特别之光奖

厦门金鸡百花奖永久场址 THE PERMANENT VENUE OF XIAMEN GOLDEN ROOSTER AND HUNDRED FLOWERS AWARD
项目地点：厦门
代建单位：联发集团有限公司
照明设计：栋梁国际照明设计（北京）中心有限公司
设计团队：许东亮、张国强、郭震军、揭勇、侯秋华、原瑀灼
照明施工：豪尔赛科技集团股份有限公司
项目摄影：卢晖
项目荣誉：2020 年 第十五届中照照明奖设计奖 二等奖

福州城市景观照明 FUZHOU URBAN NIGHTSCAPE

福道 FUWAY · FUZHOU CITY WALK
项目地点：福州
项目业主：福州市户外广告和灯光夜景建设管理办公室
景观设计：新加坡锐科建筑设计咨询有限公司
照明设计：栋梁国际照明设计（北京）中心有限公司、尚曦照明设计
设计团队：许东亮、常瑛、易胜、任飞旭、李红艳、胡美静、吴灏宸、袁莉
深化及施工：深圳市粤大明智慧照明科技有限公司
项目摄影：楼洪忆

闽江两桥（鼓山大桥、魁浦大桥）FUZHOU MINJIANG GUSHAN BRIDGE、FUZHOU MINJIANG KUIPU BRIDGE
项目地点：福州市
项目业主：福州市政建设开发有限公司
照明设计：栋梁国际照明设计（北京）中心有限公司
设计团队：许东亮、常瑛、易胜、任飞旭、胡美静、吴灏宸、李红艳、侯秋华等
项目摄影：易胜

苏州高铁新城 HIGH SPEED RAIL NEW TOWN · SUZHOU

项目地点：苏州
方案设计：苏州高铁北站站前广场建筑及景观照明工程设计
项目业主：苏州高铁新城规划建设局、苏州高铁新城城市建设管理服务中心
规划设计：苏州规划设计研究院股份有限公司
团队成员：钮卫东、俞娟、朱芳、朱建伟、张沁、刘颖琦、胡晨银、费雨晖、余心怡
团队设计：栋梁国际照明设计（北京）中心有限公司
团队成员：许东亮、史乃亮、常瑛、周浩、揭勇、顾小娟、侯秋华、陶紫辰
设计施工总承包：苏州规划设计研究院股份有限公司、豪尔赛照明科技集团股份有限公司
照片提供：苏州规划设计研究院股份有限公司、豪尔赛照明科技集团股份有限公司
效果图提供：栋梁国际照明设计（北京）中心有限公司
项目荣誉：2023 年 美国 MUSE DESIGN AWARD 铂金奖

7 灯光装置 LIGHT INSTALLATION

八十年八十色 80 YEARS 80 COLORS

展示时间：2020 年 9 月 27 日——2021 年 1 月 8 日
装置创作：许东亮、周波
过程参与：四川美术学院照明艺术设计专业部分研究生与本科生
技术支持：揭勇、马占龙、段连雪、刘明宇
装置制作：深圳爱克莱特科技股份有限公司
色彩调制：八十位艺术家
项目摄影：许东亮

2021 深圳光影艺术节 M+W M+W

作品地点：深圳
作品创作：许东亮
设计协助：栋梁国际照明设计（北京）中心有限公司、张国强、杨盛洲、袁野、张超
产品系统开发及赞助：深圳爱克莱特科技股份有限公司
现场结构搭建及赞助：深圳市千百辉智能工程有限公司
项目摄影：许东亮